高技能人才培养创新示范教材

Gongcheng Jixie Jichu
工程机械基础

主编　林　利　顾炳峰
主审　杜晓红

人民交通出版社股份有限公司
China Communications Press Co.,Ltd.

内 容 提 要

本书是高技能人才培养创新示范教材,主要内容包括力学基础知识、金属材料与热处理、机械传动、常用机构、液压传动、互换性与测量技术基础,共计6章。

本书可作为中职院校工程机械类相关专业课程的教材,也可作为工程机械类高技能人才的培养用书,还可供相关技术与管理人员参考使用。

图书在版编目(CIP)数据

工程机械基础/林利,顾炳峰主编. —北京:人民交通出版社股份有限公司,2016.10
高技能人才培养创新示范教材
ISBN 978-7-114-13333-6

Ⅰ.①工… Ⅱ.①林… ②顾… Ⅲ.①工程机械—教材 Ⅳ.①TU6

中国版本图书馆 CIP 数据核字(2016)第 222652 号

书　　名:工程机械基础
著　作　者:林　利　顾炳峰
责任编辑:戴慧莉
出版发行:人民交通出版社股份有限公司
地　　址:(100011)北京市朝阳区安定门外外馆斜街3号
网　　址:http://www.ccpress.com.cn
销售电话:(010)59757973
总　经　销:人民交通出版社股份有限公司发行部
经　　销:各地新华书店
印　　刷:北京市密东印刷有限公司
开　　本:787×1092　1/16
印　　张:10.25
字　　数:236千
版　　次:2016年10月　第1版
印　　次:2016年10月　第1次印刷
书　　号:ISBN 978-7-114-13333-6
定　　价:24.00元

(有印刷、装订质量问题的图书由本公司负责调换)

前言 Preface

为贯彻落实《国家中长期教育改革和发展规划纲要(2010—2020年)》精神,按照《国家高技能人才振兴计划》的要求,深化职业教育教学改革,积极推进课程改革和教材建设,满足职业教育发展的新需求,着重高技能人才的培养,依据公路工程机械运用与维修、工程机械技术服务与营销和工程机械施工与管理三大专业的教学计划和课程标准,我们组织行业专家及各校一线教师编写了这套补充教材。

本套教材适用于公路工程机械类专业高级工和技师层次全日制学生培养及社会在职人员培训,具有以下特点:

(1)本套教材开发基于实际工作岗位,通过提炼典型工作任务,形成专业课程框架、教学计划及课程标准,切合职业教育教学的特点,符合培养技能型人才成长的规律。

(2)本套教材在编写模式上部分实践性较强的课程采用了任务引领型模式进行编写,有利于任务驱动式教学方法的使用,便于培养学生自我学习、收集信息、解决问题等方面的核心能力。

(3)本套教材在内容选取方面多数课程打破了传统教材学科知识体系的结构,但也考虑了知识和技能的连贯性和整体性,同时也保持了知识和技能选取的先进性、科学性和实用性。

《工程机械基础》是公路工程机械运用与维修、工程机械技术服务与营销和工程机械施工与管理三个专业的基础课程。本书主要介绍了工程机械专业基础方面的知识,包括力学基础知识、金属材料与热处理、机械传动、常用机构、液压传动、互换性与测量技术基础等,有较强的趣味性和实用性。通过学习本

课程,吸引学生走进工程机械的世界。

本教材由浙江公路技师学院林利、顾炳峰担任主编,浙江公路技师学院杜晓红担任主审。具体编写情况如下:第一章、第四章、第五章由林利编写,第二章、第三章、第六章由顾炳峰编写。在编写过程中得到了徐州工程机械集团有限公司、三一重工股份有限公司、厦门厦工重工有限公司、广西柳工机械股份有限公司等厂商及专家的支持与帮助,在此表示感谢。

由于编审人员的业务水平和教学经验有限,书中难免有不妥之处,恳切希望使用本书的教师和读者批评指正。

编　者
2016 年 8 月

目 录 Contents

第一章　力学基础知识 …………………………………………………… 1
　　第一节　力的性质 ……………………………………………………… 1
　　第二节　平面汇交力系 ………………………………………………… 5
　　第三节　力矩与平面力偶系 …………………………………………… 7
　　第四节　平面一般力系 ………………………………………………… 11
第二章　金属材料与热处理 ……………………………………………… 14
　　第一节　金属的性能 …………………………………………………… 14
　　第二节　金属材料的热处理 …………………………………………… 22
　　第三节　钢材 …………………………………………………………… 29
　　第四节　铸铁 …………………………………………………………… 36
　　第五节　有色金属材料 ………………………………………………… 40
　　第六节　非金属材料 …………………………………………………… 48
第三章　机械传动 ………………………………………………………… 53
　　第一节　摩擦轮传动 …………………………………………………… 54
　　第二节　螺旋传动 ……………………………………………………… 56
　　第三节　带传动 ………………………………………………………… 63
　　第四节　链传动 ………………………………………………………… 70
　　第五节　齿轮传动 ……………………………………………………… 77
　　第六节　蜗杆传动 ……………………………………………………… 87
　　第七节　轮系 …………………………………………………………… 91
第四章　常用机构 ………………………………………………………… 97
　　第一节　平面连杆机构 ………………………………………………… 97

| 第二节 | 凸轮机构 | 101 |
| 第三节 | 其他常用机构 | 105 |

第五章　液压传动　110

第一节	液压传动的基本原理及组成	111
第二节	液压传动系统的压力与流量	113
第三节	液压动力元件	115
第四节	液压执行元件	118
第五节	液压控制元件	122
第六节	液压辅助元件	130
第七节	液压系统基本回路	131

第六章　互换性与测量技术基础　137

第一节	互换性的概念	138
第二节	极限与配合的基本概念	140
第三节	表面粗糙度	146
第四节	测量技术基础	150
第五节	形位公差与测量	154

参考文献　158

第一章　力学基础知识

> **学习目标**
> 1. 掌握力学性质；
> 2. 了解平面汇交力系；
> 3. 了解力矩与平面力偶系。

力学是一门以工程技术为背景的应用基础学科，它以理论、实验和计算机仿真为主要手段，研究工程技术中的普遍规律和共性问题，直接为工程技术服务。

本章主要介绍静力学。静力学主要研究物体在力的作用下的平衡规律，具体包括两个问题：一是物体受力分析；二是物体在力系作用下的平衡条件。

物体的受力分析方法和力系平衡条件在工程中应用很广。在静载荷作用下的工程结构（如桥梁、房屋、起重机、水坝等）、常见的机械零件（如轴、齿轮、螺栓等），当满足某些特定条件时，将处于平衡状态，这种特定的条件成为平衡条件。

为了合理设计或选择这些工程结构和零件的形状、尺寸，保证构件安全可靠地工作，就要运用静力学知识对构件进行受力分析，并根据平衡条件求出未知力，为构件的应力分析做好准备。如通过对轴上零件的受力分析来合理布置轴承，应用平衡条件求轴承反力，由此作为选用轴承的一个依据。

第一节　力 的 性 质

一、力的概念

力的概念是人们在长期的生活和生产实践中经过观察和分析，逐步形成和建立的。当人们用手握、拉、掷、举物体时，由于肌肉紧张而感受到力的作用。这种作用广泛地存在于人与物及物与物之间。例如用手推小车，小车受了"力"的作用，由静止开始运动；用锤子敲打会使烧红的铁块变形等。人们从大量的实践中，形成力的科学概念，即力是物体间相互的机械作用。这种作用，一个是使物体的机械运动状态发生变化，称为力的外效应；

另一个是使物体产生变形,称为力的内效应。

二、物体重力

物体所受的重力是由于地球的吸引而产生的。重力的方向总是竖直向下的,物体所受重力大小 G 和物体的质量 m 成正比,用关系式 $G = mg$ 表示。通常,在地球表面附近,g 取值为 9.8N/kg,表示质量为 1kg 的物体受到的重力为 9.8N。在已知物体的质量时,重力的大小可以根据公式 $G = mg$ 计算出来。

例 1-1 起吊一质量为 5×10^3kg 的物体,其重力为多少?

解:根据公式

$$G = mg$$
$$= 5 \times 10^3 \times 9.8$$
$$= 49 \times 10^3 (\text{N})$$

答:物体所受重力为 49×10^3N。

在国际单位制中,力的单位是牛顿,简称牛,符号是 N。

在工程中常冠以词头"kN""daN",读作"千牛""十牛"。与以前工程单位制采用的"公斤力(kgf)"的换算关系如下

$$1 \text{ 公斤力}(\text{kgf}) = 9.8 \text{ 牛}(\text{N}) \approx 10 \text{ 牛}(\text{N})$$

三、力的三要素

我们把力的大小、方向和作用点称为力的三要素。改变三要素中的任何一个,力对物体的作用效果也随之改变。

例如用手推一物体,若力的大小不同,或施力的作用点不同,或施力的方向不同都会对物体产生不同的作用效果,如图 1-1 所示。

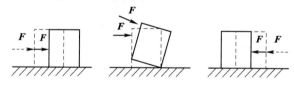

图 1-1 力对物体的作用

在力学中,把具有大小和方向的量称为矢量。因而,力的三要素可以用矢量图(带箭头的线段)表示,如图 1-2 所示。

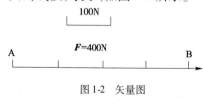

图 1-2 矢量图

作矢量图时,从力的作用点 A 起,沿着力的方向画一条与力的大小成比例的线段 AB(如用 1cm 长的线段表示 100N 的力,那么 400N 就用 4cm 长的线段),再在线段末端画出箭头,表示力的方向,文字符号用黑体字 F 表示,并以同一字母非黑体字 F 表示力的大小,书写时则在表示力的字母 F 上加一横线表示矢量,即 $\overline{F}$。

四、作用力和反作用定律

力是一个物体对另一个物体的作用。一个物体受到力的作用,必定有另一个物体对

它施加这种作用,那么施力物体是否也同时受到力的作用呢?

图 1-3 中,绳索下端吊有一重物,绳索给重物的作用力为 T,重力给绳索的反作用力为 T',T 和 T' 等值、相反、共线且分别作用在两个物体上。

以上事例说明:物体间的作用是相互的。我们把其中的一个力叫作作用力,另一个就叫作反作用力。作用力与反作用力大小相等,方向相反,分别作用在两个物体上。

五、支承反力和受力图

1. 支承反力

图 1-4 为起重机受力简图。当起重机吊起重物后静止不动时,因为有起升绳拉住重物,重物在重力作用下却不会下落,起升绳就是重物的支承,吊臂 AB 是由 A 处轴销和拉索 DE 支承的,起重机整体是由地面支承的。

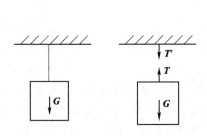

图 1-3　作用力与反作用力

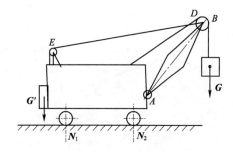

图 1-4　起重机受力简图

一个构件由另一构件支承,支承构件给这个被支承构件的反作用力叫作支承反力。支承是限制运动的,所以支承反力的方向与支承所能限制的运动方向相反。

不同的支承对物体的作用不同,因此,支承反力也不一样,这里只介绍柔索和光滑面支承反力。

(1)柔索。

起升绳阻止重物下落,它给重物一个支承反力(拉力)。此力沿绳子方向、大小和重物的重力 G 相等,如图 1-5 所示。

(2)光面支承。

整体起重机用轮子支承在地面上,由于地面支承,轮子不能向下移动,沿垂直方向有 N_1、N_2 支承反力,N_1、N_2 的大小的和等于整个起重机和重物的重力(图 1-4)。

2. 受力图

全面分析结构的约束情况,包括外力、支承反力后,用一个简图清楚地表示出全部受力情况,这个图称为受力图。

受力图有整体和局部之分,一般可只画所需要的局部受力图。

画受力图时,首先确定出研究对象,具体分析已知条件和要求的未知量,把研究对象隔离出来,画出受力图。

如我们要分析吊钩和吊索钢丝绳的受力情况,就可以只画出所需部分,如图 1-6 所示。

图 1-5 受力图　　　　　图 1-6 吊钩和吊索钢丝绳的受力图

六、力的合成分解

1. 两个共点力的合成

作用于同一点并互成角度的力称为共点力。两力的合力作用效果如图 1-7 所示。弹簧长度 l_0,一端挂在 O 点,另一端在 A 点,各沿 AB 和 AD 方向加力 F_1 和 F_2,力的大小按比例尺画出。在 F_1、F_2 两力作用下,弹簧由 l_0 沿 OA 伸长为 l,然后去掉 F_1、F_2 两力。在 AC 方向施加力 R(利用砝码逐渐加力),使弹簧同样沿 OA 由 l_0 伸长为 l,按比例尺画上 R。弹簧变形相等,受力相等,可知 F_1、F_2 两力的合成效果和 R 一个

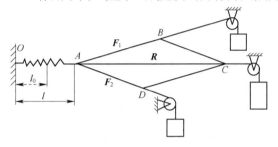

图 1-7 共点力的合成

力的作用效果相等,R 是 F_1、F_2 两力的合力。

如果以 F_1、F_2 作为两邻边,画平行四边形,我们发现合力 R 正好是它的对角线,这就证明了力的平行四边形法则,即:两个互成角度的共点力,它们合力的大小和方向,可以用表示这两个力的线段作邻边所画出的平行四边形的对角线来表示。两个力的合力不能用算术的法则把力的大小简单相加,而必须按矢量运算法则,即平行四边形法则几何相加,可用图解法和三角函数计算法。

(1)图解法。

例 1-2 已知 F_1、F_2 两个力,其夹角为 70°,F_1 即 AB,大小为 800N,F_2 即 AD,大小为 400N,求合力 R(AC)为多少?

解:取比例线段 1cm 代表 200N,并沿力的方向将 AB 和 AD 二力按比例画出,取 AB 长 4cm 代表 800N,取 AD 长 2cm 代表 400N,经 B 点及 O 点分别作 AD 与 AB 的平分线交于 C 点,连接 AC、量取 AC 的长为 5cm,则合力大小为 200N × 5 = 1000N,如图 1-8 所示。

(2)三角函数法。

根据三角形正弦定理和余弦定理可计算出合力 R

$$\frac{R}{\sin\alpha} = \frac{F_1}{\sin\alpha_2} \cdot \frac{F_2}{\sin\alpha_1}$$

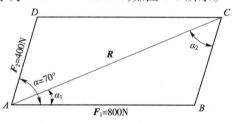

图 1-8 图解法

$$R = \sqrt{F_1^2 + F_2^2 + 2F_1F_2\cos\alpha}$$

例 1-2 中

$$R = \sqrt{F_1^2 + F_2^2 + 2F_1F_2\cos\alpha}$$
$$= \sqrt{800^2 + 400^2 + 2 \times 800 \times 400 \times \cos 70°}$$
$$= 1009.4\text{N}$$

从力平行四边形法则可以看出，F_1、F_2 力的夹角越小，合力 R 就越大，当夹角为零时，二分力方向相同，作用在同一直线上，合力 R 最大；反之，夹角越大，合力 R 就越小，当夹角为 180°时，二分力方向相反，作用在同一直线上，合力最小。

2. 力的分解

力的分解是力的合成的逆运算，同样可以用平行四边形法则，将已知力作为平行四边形的对角线，两个邻边就是这个已知力的两个分力。显然，如果没有方向角度的条件限制，对于同一条对角线可以做出很多组不同的平行四边形。邻边（分力）的大小变化很大，因此，应有方向、角度条件。使用吊索时，限制吊索分肢夹角过大，是防止吊索超过最大安全工作载荷而发生断裂。

图 1-9 为两根吊索悬吊 1000N 载荷，当两根吊索处于不同夹角时，吊索的受力变化。

（1）分力图解法。

已知合力 R 和两个分力的方向，求两个分力的大小，可通过已知力 R 作用点 A 沿分力的方向（或合力与分力夹角）分别作直线 AⅠ、AⅡ，再经过已知合力 R 终点 C 做两个分力 F_1、F_2 作用线的平行线，与 AⅠ、AⅡ 直线交于 B、D 两点，得平行四边形 ABCD。其两邻边 AB、AD 就是要求的两个分力，分力的大小可用比例尺量出。

（2）三角函数法。

计算时也可利用三角函数公式。

求力的分解，如图所示 1-10 所示。

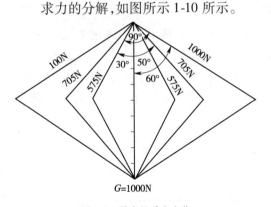

图 1-9 吊索的受力变化

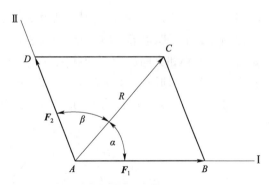

图 1-10 分力图解法

第二节 平面汇交力系

作用在物体上的力系，根据力系中各力的作用线在空间的位置不同，可分为平面力系和空间力系两类。各力的作用线都在同一平面内的力系称为平面力系;各力的作用线不在同一平面内的力系称为空间力系。在这两类力系中,又有下列情况:

(1)作用线交于一点的力系称为汇交力系;
(2)作用线相互平行的力系称为平行力系;
(3)作用线任意分布(即不完全汇交于一点,又不全都互相平行)的力系称为一般力系。

平面汇交力系是一种最基本的力系,它不仅是研究其他复杂力系的基础,而且在工程中用途也比较广泛。图1-11a)所示的起重机,在起吊构件时,作用于吊钩上C点的力;图1-11b)所示的屋架,节点C所受的力都属于平面汇交力系。

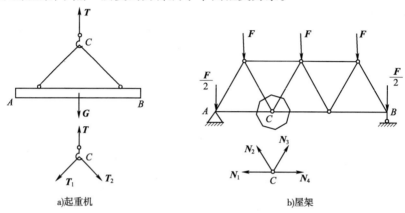

图1-11 平面汇交力系

平面汇交力系合成的几何法如下。

一、两个汇交力的合成

设物体受到汇交于O点的两个力 F_1 和 F_2 的作用,应用学过的平行四边形法则,求 F_1、F_2 的合力(图1-12a)。先从交点出发,按适当的比例和正确的方向画出 F_1、F_2,便可得出相应的平行四边形,其对角线即代表合力 R。对角线的长度和 R 与 F_1 所夹角度,便是合力的大小和方向。为简便起见,在求合力时,不必画出整个平行四边形,而只需画出其中任一个三角形便可解决问题。将两分力首尾相连,再连接起点和终点,所得线段即代表合力。这一合成方法称为力的三角形法则(图1-12b)。

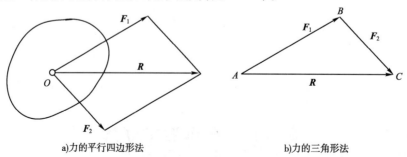

a)力的平行四边形法　　　　　　b)力的三角形法

图1-12 两个汇交力的合成

可用式子表示
$$R = F_1 + F_2$$
上式为矢量式,不是两力代数相加。

二、平面汇交力系的合成

设在物体的 A 点作用四个汇交力 F_1、F_2、F_3、F_4,如图 1-13a)所示,求此力系的合力。为此,可连续应用力三角形法则,如图 1-13b)所示,先求 F_1 和 F_2 的合力 R_1,再求 R_1 和 F_3 的合力 R_2,最后求 R_2 和 F_4 的合力 R。显然,R 就是原汇交力系 F_1、F_2、F_3、F_4 的合力。实际作图时,表示 R_1、R_2 的力不必画出,可直接按一定的比例尺依次做出矢量 AB、BC、CD、DE,分别代表力系中各分力 F_1、F_2、F_3、F_4 之后,连接 F_1 的起点和 F_4 的终点,就可得到力系的合力 R,如图 1-13c)所示。这就是力的多边形法则。在作图时,如果改变各分力作图的先后次序,得到的力多边形的形状自然不同,但所得合力 R 的大小和方向均不改变。由此而知,合力 R 与绘制力多边形的先后次序无关。

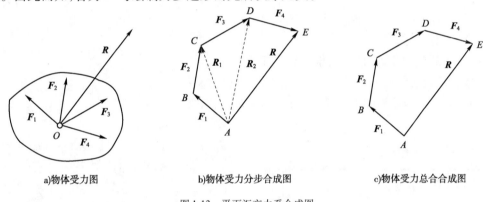

a)物体受力图　　b)物体受力分步合成图　　c)物体受力总合合成图

图 1-13　平面汇交力系合成图

将上述方法推广到由 n 个力组成的汇交力系中,可得结论:平面汇交力系合成的结果是一个作用线通过各力的汇交点的合力,合力的大小和方向由多边形的封闭边确定,即合力的矢量等于原力系各分力的矢量和。用公式(1-1)表示为:

$$R = F_1 + F_2 + \cdots + F_n = \sum F \tag{1-1}$$

第三节　力矩与平面力偶系

一、力对点之矩

如图 1-14a)所示,在扳手的 A 点施加一力 F,将使扳手和螺母一起绕螺钉中心 O 转动,这就是说,力有使物体(扳手)产生转动的效应。实践经验表明,扳手的转动效果不仅与 F 的大小有关,而且还与点 O 到力作用线的垂直距离 d 有关。当 d 保持不变时,力 F 越大,转动越快。当力 F 不变时,d 值越大,转动也越快。若改变力的作用方向,则扳手的转动方向就会发生改变,因此,我们用 F 与 d 的乘积再冠以适当的正负号来表示力 F 使物体绕 O 点转动的效应,并称为力 F 对 O 点之矩,简称力矩,以符号 $M_O(F)$ 表示。

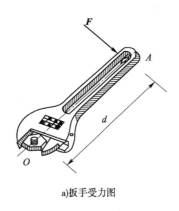
a)扳手受力图

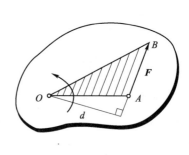
b)手受力力矩图

图 1-14　力矩图

由图 1-14b)可以看出,力对点之矩还可以用以矩心为顶点,以力矢量为底边所构成的三角形的面积的二倍来表示,如公式(1-2)所示。

$$M_O(F) = \pm 2\Delta OAB \text{ 面积} \tag{1-2}$$

显然,力矩在下列两种情况下等于零:

（1）力等于零；

（2）力的作用线通过矩心,即力臂等于零。

力矩的单位是牛顿·米(N·m)或千牛顿·米(kN·m)。

例 1-3　分别计算图 1-15 所示的 F_1、F_2 对 O 点的力矩。

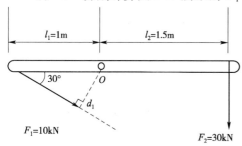

图 1-15　直杆受力图

解：由式(1-2),有

$$M_O(F_1) = F_1 \cdot d_1 = 10 \times 1 \times \sin 30°$$
$$= 5 \text{kN} \cdot \text{m}$$
$$M_O(F_2) = -F_2 \cdot d_2 = -30 \times 1.5$$
$$= -45 \text{kN} \cdot \text{m}$$

二、合力矩定理

证明： 如图 1-16 所示,设在物体上的 A 点作用有两个汇交的力 F_1 和 F_2,该力系的合力为 R。在力系的作用面内任选一点 O 为矩心,过 O 点并垂直于 OA 作为 y 轴。从各力矢的末端向 y 轴作垂线,令 Y_1、Y_2 和 R_y 分别表示力 F_1、F_2 和 R 在 y 轴上的投影。

由图 1-16 可见

$$Y_1 = Ob_1 \qquad Y_2 = -Ob_2 \qquad R_y = Ob$$

各力对 O 点之矩如公式(1-3)所示。

$$\left.\begin{array}{l} M_O(F_1) = 2\Delta AOB_1 = Ob_1 \cdot OA = Y_1 \cdot OA \\ M_O(F_2) = -2\Delta AOB_2 = -Ob_2 \cdot OA = Y_2 \cdot OA \\ M_O(R) = 2\Delta AOB = Ob \cdot OA = R_y \cdot OA \end{array}\right\} \tag{1-3}$$

根据合力矩定理有

$$R_y = Y_1 + Y_2$$

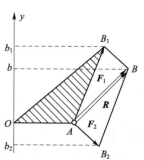

图 1-16　力对坐标的投影图

上式两边同乘以 OA 得
$$R_y \cdot OA = Y_1 \cdot OA + Y_2 \cdot OA$$
将式(1-3)代入得
$$\boldsymbol{M_O(R) = M_O(F_1) + M_O(F_2)}$$
以上证明可以推广到多个汇交力的情况。用式子可表示为
$$\boldsymbol{M_O(R) = M_O(F_1) + M_O(F_2) + \cdots + M_O(F_n) = \sum M_O(F)}$$
虽然这个定理是从平面汇交力系推证而出，但可以证明这个定理同样适用于有合力的其他平面力系。

例 1-4 如图 1-17 所示，每 1m 长挡土墙所受土压力的合力为 $\boldsymbol{R}$，它的大小 $R = 200 \mathrm{kN}$，方向如图 1-17 所示，求土压力 $\boldsymbol{R}$ 使墙倾覆的力矩。

解： 土压力 $\boldsymbol{R}$ 可使挡土墙绕 A 点倾覆，求 $\boldsymbol{R}$ 使墙倾覆的力矩，就是求它对 A 点的力矩。由于 $\boldsymbol{R}$ 的力臂求解较麻烦，但如果将 $\boldsymbol{R}$ 分解为两个分力 $\boldsymbol{F_1}$ 和 $\boldsymbol{F_2}$，则两分力的力臂是已知的。因此，根据合力矩定理，合力 $\boldsymbol{R}$ 对 A 点之矩等于 $\boldsymbol{F_1}$、$\boldsymbol{F_2}$ 对 A 点之矩的代数和。则

$$M_A(R) = M_A(F_1) + M_A(F_2) = F_1 \cdot \frac{h}{3} - F_2 \cdot b$$
$$= 200\cos30° \times 2 - 200\sin30° \times 2$$
$$= 146.41(\mathrm{kN \cdot m})$$

图 1-17 挡土墙受力图

例 1-5 求图 1-18 所示各分布荷载对 A 点的力矩。

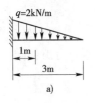
a)
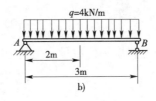
b)
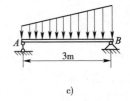
c)

图 1-18 载荷的分布图

解： 沿直线平行分布的线荷载可以合成为一个合力。合力的方向与分布荷载的方向相同，合力作用线通过荷载图的重心，其合力的大小等于荷载图的面积。

根据合力矩定理可知，分布荷载对某点之矩就等于其合力对该点之矩。

(1) 计算图 1-18a) 三角形分布荷载对 A 点的力矩为
$$M_A(q) = -\frac{1}{2} \times 2 \times 3 \times 1 = -3(\mathrm{kN \cdot m})$$

(2) 计算图 1-18b) 均布荷载对 A 点的力矩为
$$M_A(q) = -4 \times 3 \times 1.5 = -18(\mathrm{kN \cdot m})$$

(3) 计算图 1-18c) 梯形分布荷载对 A 点之矩。为避免求梯形形心，可将梯形分布荷载分解为均布荷载和三角形分布荷载，其合力分别为 $\boldsymbol{R_1}$ 和 $\boldsymbol{R_2}$，则有
$$M_A(q) = -2 \times 3 \times 1.5 - \frac{1}{2} \times 2 \times 3 \times 2 = -15(\mathrm{kN \cdot m})$$

三、力偶及其基本性质

1. 力偶和力偶矩

在生产实践和日常生活中,经常遇到大小相等、方向相反、作用线不重合的两个平行力所组成的力系。这种力系只能使物体产生转动效应,而不能使物体产生移动效应。例如,驾驶员用双手操纵转向盘(图1-19a),木工用丁字头螺丝钻钻孔(图1-19b),以及用拇指和食指开关自来水龙头或拧钢笔套等。这种大小相等、方向相反、作用线不重合的两个平行力称为力偶。用符号(F,F')表示。力偶的两个力作用线间的垂直距离d称为力偶臂,力偶的两个力所构成的平面称为力偶作用面。

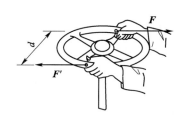
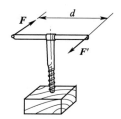

a)驾驶员操纵转向盘力偶图　　　　b)木工钻孔力偶图

图1-19　力偶图

实践表明,当力偶的力F越大,或力偶臂越大,则力偶使物体的转动效应就越强;反之就越弱。因此,与力矩类似,我们用F与d的乘积来度量力偶对物体的转动效应,并把这一乘积冠以适当的正负号称为力偶矩,用

$$m = \pm Fd \tag{1-4}$$

式中正负号表示力偶矩的转向。通常规定:若力偶使物体作逆时针方向转动时,力偶矩为正;反之为负。在平面力系中,力偶矩是代数量。力偶矩的单位与力矩相同。

2. 力偶的基本性质

力偶的基本性质包括:

(1)力偶没有合力,不能用一个力来代替;

(2)力偶对其作用面内任一点之矩都等于力偶矩,与矩心位置无关;

(3)同一平面内的两个力偶,如果它们的力偶矩大小相等、转向相同,则这两个力偶等效,称为力偶的等效性。图1-20为等效力偶图。

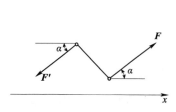
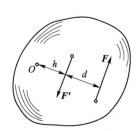

图1-20　等效力偶图

从以上性质还可得出两个推论:

(1)用面内任意移转,而不会改变它对物体的转动效应;

(2)在保持力偶矩大小和转向不变的条件下,可以任意改变力偶的力的大小和力偶臂的长短,而不改变它对物体的转动效应。

四、平面力偶系的合成与平衡

作用在同一平面内的一群力偶称为平面力偶系。平面力偶系合成可以根据力偶等效性来进行。合成的结果是:平面力偶系可以合成为一个合力偶,其力偶矩等于各分力偶矩的代数和,即

$$M = m_1 + m_2 + \cdots + m_n = \sum m_i \qquad (1\text{-}5)$$

例 1-6 如图 1-21 所示,在物体同一平面内受到三个力偶的作用,设 $F_1 = 200\text{N}$,$F_2 = 400\text{N}$,$m = 150\text{N}\cdot\text{m}$,求其合成的结果。

解:三个共面力偶合成的结果是一个合力偶,各分力偶矩为

$$m_1 = F_1 d_1 = 200 \times 1 = 200(\text{N}\cdot\text{m})$$

$$m_2 = F_2 d_2 = 400 \times \frac{0.25}{\sin 30°} = 200(\text{N}\cdot\text{m})$$

$$m_3 = -m = -150(\text{N}\cdot\text{m})$$

$$M = \sum m_i = m_1 + m_2 + m_3$$
$$= 200 + 200 - 150 = 250(\text{N}\cdot\text{m})$$

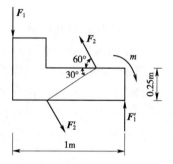

图 1-21 某物体受到三个力偶的力偶图

即合力偶矩的大小等于 250N·m,转向为逆时针方向,作用在原力偶系的平面内。

第四节 平面一般力系

一、力的平移定理

力的平移定理是研究平面一般力系的理论基础。

力的平移定理:作用在刚体上任一点的力可以平行移动到该刚体内的任意一点,但必须同时附加一个力偶,这个附加力偶的矩等于原力对新作用点的力矩。

假设:如图 1-22 所示,F 是作用于刚体上 A 点的一个力。B 点是力作用面内的任意一点,在 B 点加上两个等值反方向的力 F_1 和 F_2,它们与力 F 平行,且 $F = F_1 = F_2$,显然,三个力 F、F_1、F_2 组成的新力系与原来的一个力 F 等效。但是这三个力可看作是一个作用在点 B 的力 F_1 和一个力偶(F,F_2)。这样一来,原来作用在点 A 的力 F,现在被一个作用在点 B 的力 F_1 和一个力偶(F,F_2)等效替换。也就是说,可以把作用于点 A 的力平移到另一点 B,但必须同时附加上一个相应的力偶,这个力偶就是附加力偶,如图 1-22c)所示。显然,附加力偶的矩为 $m = Fd$。其中 d 为附加力偶的力偶臂。由图可见,d 就是点 B 到力 F 的作用线的垂直距离,因此,Fd 也等于力 F 对点 B 的矩,即:

$$M_u(F) = Fd \tag{1-6}$$

因此得到 $m = M_B(F)$。

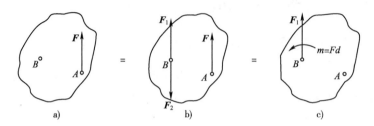

图1-22 力的平行移动等效图

二、平面一般力系向作用面内任一点的简化

1. 简化方法和结果

设刚体受一个平面内一般力系作用,我们采用向一点简化的方法简化这个力系。为了具体说明力系向一点简化的方法和结果,我们设想只有三个力 F_1、F_2、F_3 作用在刚体上,如图1-23a)所示,在平面内任取一点作为简化中心;应用力的平移定理,把每个力都平移到简化中心 O 点。这样,得到作用于 O 点的力 F_1'、F_2'、F_3' 以及相应的附加力偶,其力偶矩分别为 m_1、m_2、m_3,如图1-23b)所示。这些力偶作用在同一平面内,它们分别等于力 F_1、F_2、F_3 对简化中心点的矩,即

$$m_1 = M_O(F_1)$$
$$m_2 = M_O(F_2)$$
$$m_3 = M_O(F_3)$$

这样,平面一般力系就简化为平面汇交力系和平面力偶系。然后,分别对这两个力系进行合成。

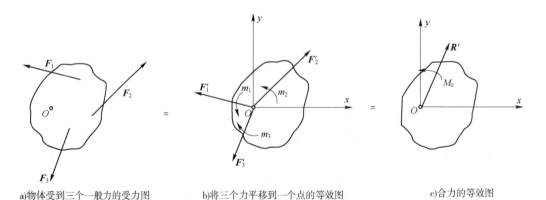

a)物体受到三个一般力的受力图　　b)将三个力平移到一个点的等效图　　c)合力的等效图

图1-23 物体受一般力的简化图

作用于 O 点的平面汇交力系 F_1'、F_2'、F_3' 可按力的多边形法则合成为一个作用于 O 的力 R'。

2. 平面任意力系的简化

在平面力系中,如果各力作用线是任意分布的,这样的力系称为平面任意力系。

设物体上作用一平面任意力系 F_1、F_2…F_n,如图 1-23a)所示,在力系所在平面内任选一点 O,称为简化中心。根据力的平移定理,将力系中的各力向 O 点平移,得到一平面汇交力系(F_1'、F_2'…F_n')和一平面力偶系(M_1、M_2…M_n),如图 1-23b)所示。平面汇交力系(F_1'、F_2'、…F_n')可合成为一个合力 R',R' 称为平面任意力系的主矢。平面力偶系(M_1、M_2…M_n)可合成为一个合力偶,其合力偶矩 $M_O(F)$ 为平面任意力系的主矩,主矩的大小可由公式(1-7)计算

$$M_O = M_1 + M_2 + \cdots + M_n \tag{1-7}$$

式中各力偶矩的大小等于原力系中各力对简化中心的力矩,即

$$M_1 = M_O(F_1), M_2 = M_O(F_2), M_n = M_O(F_n)$$

所以主矩的计算公式可写为

$$M_O = M_{VO}(F_1) + M_O(F_2) + \cdots + M_O(F_n) = \sum M_O(F)$$

此式表明,主矩等于原力系中各力对简化中心之矩的代数和。

3. 平面任意力系的平衡

由上述分析可知,平面任意力系可以简化为一个主矢 R' 和一个主矩 M_O。如果主矢和主矩都为零,说明力系不会使物体产生任何方向的移动和转动,物体处于平衡状态。因此,平面任意力系的平衡条件是简化所得的主矢和主矩同时为零。即

$$R' = 0$$
$$M_O = \sum M_O(F) = 0$$

由此可得平面任意力系的平衡方程为

$$\sum F_x = 0$$
$$\sum F_y = 0$$
$$\sum M_O(F) = 0$$

该平衡方程的意义是:

(1)平面任意力系平衡时,力系中所有各力在任选的两个直角坐标轴上投影的代数和分别等于零;同时力系中所有各力对平面内任一点力矩的代数和也等于零。

(2)平面任意力系独立的平衡方程数有三个,可以应用平面任意力系的平衡方程求解三个未知量。

第二章　金属材料与热处理

> **学习目标**
> 1. 掌握金属材料的性能；
> 2. 了解钢的热处理及其目的；
> 3. 了解碳素钢、合金钢和铸铁的分类、牌号、性能和用途；
> 4. 了解常用有色金属的性能、分类和用途；
> 5. 了解非金属材料的种类和用途。

第一节　金属的性能

近年来,我国在材料工业领域取得了巨大成就:我国的钢铁产量已跃居世界前列;在金属材料生产方面已建立了符合我国特点的合金钢系列,且应用范围正在扩大;广泛采用稀土元素材料,并研制出了具有世界先进水平的稀土镁球墨铸铁;许多热处理新工艺、新技术得到了广泛的应用和推广,如图 2-1 所示。

图 2-1　金属材料应用

一、金属材料与热处理的发展史

根据大量的出土文物考证,我国在公元前 16 世纪就开始使用金属材料了。殷商时代,青铜材料已经被大量用于生产工具、武器、生活用具等方面,如图 2-2 所示。此外,我国还是生产铸铁最早的国家,早在春秋时期就已出现了铸铁的铸造。战国后期,铸铁件的生产得到了迅速的发展。

图 2-2　材料应用——青铜鼎和枪

在热处理方面,我国远在西汉时期就有"水与火合为淬"之说,东汉时期则有"清水淬其锋"等有关热处理技术的记载。出土的文物如西汉时期的钢剑、书刀等,经金相检验,发现这些文物内部组织接近于淬火马氏体和渗碳体组织。

二、金属材料的性能

金属材料具有良好的使用性能和工艺性能,被广泛用来制造机械零件和工程结构,如图 2-3 所示。所谓金属材料使用性能是指金属材料在使用过程中表现出来的性能,主要包括力学性能、物理性能(如电导性、热导性等)、化学性能(如耐蚀性、抗氧化性等)。

 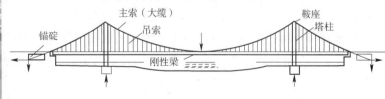

a)吊桥　　　　　　　　　　　　b)吊桥结构示意图

图 2-3　金属材料的应用

所谓金属材料工艺性能是指金属材料在各种加工过程中所表现出来的性能,包括铸造性能、锻造性能、焊接性能、热处理性能和切削加工性能等。

1. 材料的力学性能

金属材料力学性能是指金属在外力作用下表现出来的能力,包括强度、塑性、硬度、冲击韧性及疲劳强度等。

金属材料在加工及使用过程中所受到的外力称为载荷。根据载荷作用性质的不同，它可以分为静载荷、冲击载荷及交变载荷三种。静载荷是指大小不变或变化过程缓慢的载荷。冲击载荷是指在短时间内以较高速度作用于零件上的载荷。交变载荷是指大小、方向或大小和方向随时间变化而变化的载荷。载荷又可根据作用形式不同分为拉伸载荷、压缩载荷、弯曲载荷、剪切载荷和扭转载荷等，如图2-4所示。

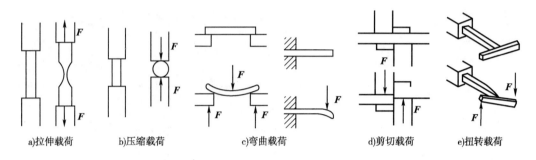

图2-4　力学性能

金属材料受到载荷的作用而产生的几何形状的变化称为变形。变形一般分为弹性变形和塑性变形两种。金属材料受外力作用时，为了保持不变形，在材料内部作用着与外力对抗的力，称为内力，单位面积上的内力称为应力。

（1）强度。

强度是指材料在外力作用下抵抗变形或断裂的能力。由于所受载荷的形式不同，金属材料的强度可分为抗拉强度、抗压强度、抗弯强度和抗剪强度等。一般情况下多以抗拉强度作为判别金属强度高低的指标。

①抗拉强度是指材料断裂前所能承受的最大应力值，用符号 σ_b 表示。抗拉强度表示材料抵抗断裂的能力，脆性材料没有屈服现象，常用作为选材的依据。抗拉强度是通过拉伸试验测定的。拉伸试验的方法是用静拉力对标准试样进行轴向拉伸，同时连续测量力和相应的伸长量，直至试样断裂，根据测得的数据，即可得出有关的力学性能。

图2-5a)为国家标准（《金属材料拉伸试验第1部分：室温试验方法》GB/T 228.1—2010)中所规定的圆形拉伸试样。

拉伸试验中得出的拉伸力与伸长量的关系曲线叫作力—伸长量曲线，也称拉伸曲线。图2-5b)为低碳钢的力—拉伸曲线，图中纵坐标表示力 F，单位为 N；横坐标表示伸长量 Δl，单位为 mm。

②弹性极限是指材料产生完全弹性变形时所承受的最大应力值，用符号 σ_e 表示，弹性极限是弹性元件(如弹簧)选材的主要依据。

③屈服强度(屈服点)是指材料产生屈服现象时的最小应力值，用符号 σ_s 表示。有些金属材料，如高碳钢、铸铁等，在拉伸试验中没有明显的屈服现象。所以国标中规定，以试样的塑性变形量为试样标距长度的0.2%时的应力作为屈服强度，用 $\sigma_{0.2}$ 表示。绝大多数机械零件(如紧固螺栓)在工作中不允许产生明显的塑性变形，所以屈服强度是选材的主要依据。

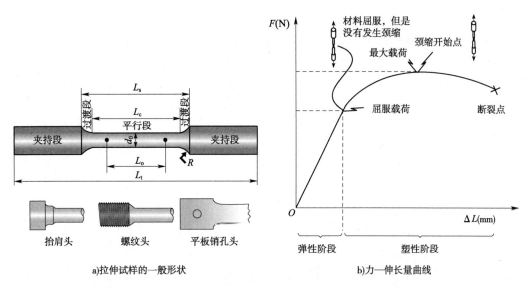

a)拉伸试样的一般形状　　　　b)力—伸长量曲线

图 2-5　拉伸试样

(2) 塑性。

塑性是指金属材料在载荷作用下,产生塑性变形而不被破坏的能力。金属材料的塑性也是通过拉伸试验测得的。常用的塑性指标有伸长率和断面收缩率。

① 伸长率是指试样拉断后,标距长度的伸长量与原始标距长度的百分比,用符号 δ 表示,即

$$\delta = \frac{L_k - L_0}{L_0} \times 100\% \tag{2-1}$$

式中：L_0——试样原始标距长度,mm；

L_k——试样拉断后的标距长度,mm。

长试样和短试样的伸长率分别用 δ_{10} 和 δ_5 表示,习惯上 δ_{10} 也常写成 δ。伸长率的大小与试样的尺寸有关,对于同一材料,短试样测得的伸长率大于长试样的伸长率,即 $\delta_5 > \delta_{10}$。因此,在比较不同材料的伸长率时,应采用相同尺寸规格的标准试样。

② 断面收缩率是指试样拉断后,颈缩处横截面积的缩减量与原始横截面积的百分比,用符号 ψ 表示,即

$$\psi = \frac{S_0 - S_k}{S_0} \times 100\% \tag{2-2}$$

式中：S_0——试样原始横截面积,mm；

S_k——试样拉断处的最小横截面积,mm^2。

断面收缩率与试样尺寸无关,因此,能更可靠地反映材料的塑性。材料的伸长率和断面收缩率愈大,则表示材料的塑性愈好。塑性好的材料,如铜、低碳钢,容易进行轧制、锻造、冲压等；塑性差的材料,如铸铁,不能进行压力加工,只能用铸造方法成形。用塑性较好的材料制成的机械零件,在使用中如果超载,能产生塑性变形而避免突然断裂,增加了安全可靠性。因此,大多数机械零件除要求具有较高的强度外,还必须有一定的塑性。

(3)硬度。

硬度是衡量材料软硬程度的指标,它表示金属抵抗局部变形或破裂的能力,是重要的力学性能指标。材料的硬度与强度之间有一定的关系,根据硬度可以估计材料的强度。因此,在机械设计中,零件的技术条件往往标注硬度。热处理生产中也常以硬度作为检验产品是否合格的主要依据。

硬度是通过硬度试验测得的。硬度试验方法简单、迅速,不需要专门的试样,不损坏工件,因此,在生产和科研中得到广泛应用。测定硬度的方法很多,常用的有布氏硬度、洛氏硬度和维氏硬度试验方法。

① 布氏硬度。

布氏硬度的测定是在布氏硬度机(图2-6a)上进行的,其试验原理如图2-6b)所示。用直径为 D 的淬火钢球或硬质合金球做压头,在试验力 F 的作用下压入被测金属表面,保持规定的时间后卸除试验力,在金属表面留下一个压痕(压坑),根据压痕的残余深度确定硬度值。硬度值用符号 HB 表示。用淬火钢球作压头测得的硬度用符号 HBS 表示;用硬质合金球作压头测得的硬度用符号 HBW 表示。我国目前布氏硬度机的压头主要是淬火钢球。布氏硬度压痕大,试验结果比较准确。但较大压痕有损试样表面,不宜用于成品件与薄件的硬度测试,而且布氏硬度整个试验过程较麻烦。

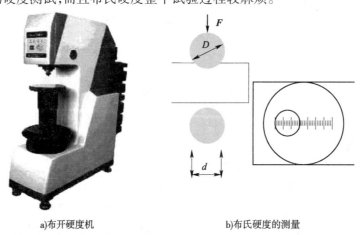

a)布氏硬度机　　　　　　b)布氏硬度的测量

图2-6　布氏硬度测试

② 洛氏硬度。

洛氏硬度的测定在洛氏硬度机上进行。如图2-7a)所示为洛氏硬度测量仪,用顶角为120°的金刚石圆锥(如图2-7b)或直径为1.588mm的淬火钢球作压头,先加初载荷,再加主载荷,将压头压入金属表面,保持一定时间后卸除主载荷,根据压痕的残余深度确定硬度值。硬度值用符号 HR 表示。常用的洛氏硬度是 HRA、HRB 和 HRC 三种。

洛氏硬度试验操作简便迅速,可直接从硬度机表盘上读出硬度值。压痕小,可直接测量成品或较薄工件的硬度。但由于压痕较小,测得的数据不够准确,通常应在试样不同部位测定三点,取其算术平均值。

③ 维氏硬度。

维氏硬度试验原理基本上与布氏硬度相同,也是根据压痕单位表面积上的载荷大小来计算硬度值,所不同的是采用相对面夹角为136°的正四棱锥体金刚石作压头。试验时,用选定的载荷 F 将压头压入试样表面,保持规定时间后卸除载荷,在试样表面压出一个四方锥形压痕,测量压痕两对角线长度,求其算术平均值,用以计算出压痕表面积,以压痕单位表面积上所承受的载荷大小表示维氏硬度值,用符号 HV 表示。维氏硬度适用范围宽(5~1000HV),可以测从极软到极硬材料的硬度,尤其适用于极薄工件及表面薄硬层的硬度测量(如化学热处理的渗碳层、渗氮层等),其结果精确可靠。但测量较麻烦,工作效率不如洛氏硬度高。

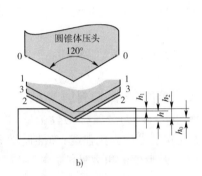

图2-7 洛氏硬度测试

1-1 加上初载荷后压头的位置;2-2 加上初载荷+主载荷后压头的位置;3-3 卸去主载荷后压头的位置;h_0-卸去主载荷的弹性恢复

(4) 冲击韧度。

强度、塑性、硬度都是在缓慢加载即静载荷下的力学性能指标。实际上,许多机械零件常在冲击载荷作用下工作,例如锻锤的锤杆、冲床的冲头等。所谓冲击载荷是指以很快的速度作用于零件上的载荷。对承受冲击载荷的零件,不但要求有较高的强度,而且要求有足够的抵抗冲击载荷的能力。

金属材料在冲击载荷作用下抵抗破坏的能力称为冲击韧度。材料的冲击韧度值通常采用摆锤式一次冲击试验进行测定,冲击试验是在摆锤式冲击试验机上进行的,其试验原理如图2-8所示。

将带有缺口的标准冲击试样安放在冲击试验机的支座上,试样缺口背向摆锤冲击方向。把质量为 m 的摆锤从一定高度 h 落下,将试样冲断,冲断试样后,摆锤继续升到 h_1 的高度。摆锤冲断试样所消耗的能量称为冲击吸收功,用符号 A_{KU} 表示。

冲击韧度值愈大,表明材料韧性愈好。实际上 A_{KU} 值的大小就代表了材料韧性的高低,故目前国际上许多国家直接用冲击吸收功作为冲击韧度的指标。

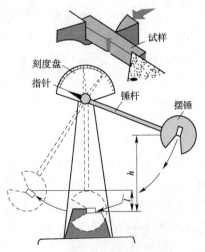

图2-8 冲击韧度

实际生产中许多机械零件很少受到大能量一次冲击而断裂,多数是在工作时承受小能量多次冲击后才断裂。材料在多次冲击下的破坏过程是裂纹产生和扩展的过程,是每次冲击损伤积累发展的结果,它与一次冲击有着本质的区别。

金属材料在冲击载荷作用下抵抗破坏的能力称为冲击韧度。值用 a_{KU} 表示,常用冲击吸收功 A_{KU} 代替。

(5)疲劳强度。

许多机械零件(如齿轮、弹簧、连杆、主轴等)都是在交变应力(即应力的大小、方向随时间作周期性变化)下工作,虽然应力通常低于材料的屈服强度,但零件在交变应力作用下长时间工作,也会发生断裂,这种现象称为疲劳断裂。疲劳断裂在断裂前没有明显的塑性变形,断裂是突然发生的,很难事先觉察到,因此具有很大的危险性,常常造成严重的事故。

2.材料的物理性能

(1)密度。

材料的密度是指单位体积中材料的质量,常用符号 ρ 表示。不同的材料其密度不同,一般将密度小于 4.5g/cm^3 的金属称为轻金属,密度大于 4.5g/cm^3 的金属称为重金属。抗拉强度 σ_b 与密度 ρ 之比称为比强度;弹性模量 E 与密度 ρ 之比称为比弹性模量。两者是某些机械零件选材时考虑的重要性能指标。

(2)熔点。

熔点是指材料的熔化温度。合金及金属是晶体,都有固定的熔点;陶瓷也有固定的熔点,一般明显高于金属及合金的熔点;高分子材料一般不是完全晶体,没有固定的熔点。合金的熔点取决于它的化学成分。按照熔点的高低,可将金属材料分为易熔金属和难熔金属两类,易熔金属如 Sn、Pb 等,可以用来制造保险丝、放火安全阀等零件;难熔金属如 W、M_o、V 等,可以用来制造耐高温零件,在燃气轮机、航天、航空等领域有广泛的应用。

(3)热膨胀性。

材料随温度变化而出现膨胀或收缩的现象称为热膨胀性。一般来说,材料受热时膨胀,而冷却时收缩。材料的热膨胀性通常用热膨胀系数来表示,陶瓷的热膨胀系数最低,金属材料次之,高分子材料的热膨胀系数最高。对精密仪器或机械零件来说,热膨胀系数是一个非常重要的性能指标;在异种金属材料的焊接过程中,会因为材料的热膨胀系数相差过大而使焊件产生焊接变形或破坏。

(4)导电性。

材料传导电流的能力称为导电性,一般用电阻率表示。通常金属材料的电阻率随温度的升高而增加,非金属材料的电阻率随温度的升高而降低。金属材料一般具有良好的导电性,并随材料成分的复杂化而降低,因而纯金属的导电性比合金要好;高分子材料大多都是绝缘体,但有的高分子复合材料也有良好的导电性;陶瓷材料虽然也是良好的绝缘体,但某些特殊成分的陶瓷却是具有一定导电性的半导体材料。

(5)导热性。

材料传导热量的能力称为导热性,一般用热导率(也称为导热系数)λ 表示。材料的热导率越大,则导热性越好。一般来说,金属越纯,其导热性越好;金属及其合金的热导率远高于非金属材料。导热性好的材料(如铜、铝及其合金等)常用来制造热交换器等传热设备的零部件;导热性差的材料(如陶瓷、塑料、木材等)可用来制造绝热材料。

(6)磁性。

材料能导磁的性能称为磁性。磁性材料常分为软磁材料和硬磁材料(也称为永磁材料)。软磁材料(如电工纯铁、硅钢片等)容易磁化、导磁性良好,外磁场去除后磁性基本消除;硬磁材料(如淬火的钴钢、稀土钴等)经磁化后能保持磁场,磁性不易消失。许多金属材料(如铁、钴、镍等)有较高的磁性,但也有一些金属材料(如铜、铝、不锈钢等材料)是无磁性的。

3. 材料的化学性能

(1)耐腐蚀性。

耐腐蚀性是指材料抵抗空气、水蒸气及其他各种化学介质腐蚀的能力。材料在常温下与周围介质发生化学或电化学作用而遭到破坏的现象称为腐蚀,非金属材料的耐腐蚀能力远高于金属材料。提高材料的耐腐蚀性,可有效地节约材料和延长机械零件的使用寿命。

(2)抗氧化性。

材料在加热时抵抗氧化作用的能力称为抗氧化性。金属及其合金的抗氧化机理是金属材料在高温下迅速被氧化后,会在金属表面形成一层连续而致密并与母体结合牢固的氧化薄膜,阻止金属材料进一步被氧化;而高分子材料的抗氧化机理则不同。

(3)化学稳定性。

化学稳定性是材料的耐腐蚀性和抗氧化性的总称,高温下的化学稳定性又称为热稳定性。在高温条件下工作的设备(如工业锅炉、加热设备、汽轮机、火箭等)上的许多零件,应尽量选用热稳定性好的材料制造。

4. 材料的工艺性能

工艺性能是指材料在成形过程中,对某种加工工艺的适应能力,它是决定材料能否进行加工或如何进行加工的重要因素。材料工艺性能的好坏,会直接影响机械零件的工艺方法、加工质量、制造成本等。材料的工艺性能主要包括铸造性能、锻造性能、焊接性能、热处理性能、切削加工性能等。

(1)铸造性能。

铸造性能指材料易于铸造成型并获得优质铸件的能力,衡量材料铸造性能的指标主要有流动性、收缩性和偏析倾向等。流动性是指熔融材料的流动能力,主要受化学成分和浇铸温度的影响,流动性好的材料容易充满铸型型腔,从而获得外形完整、尺寸精确、轮廓清晰的铸件;收缩性是指铸件在冷却凝固过程中其体积和尺寸减小的现象,铸件收缩不仅影响其尺寸,还会使铸件产生缩孔、疏松、内应力、变形和开裂等缺陷;偏析是指铸件内部化学成分和显微组织的不均匀现象,偏析严重的铸件其各部分的力学性能会有很大差异,降低产品质量。

(2)锻造性能。

锻造性能指材料是否容易进行压力加工的性能,它取决于材料的塑性和变形抗力。材料的塑性越好,变形抗力越小,材料的锻造性能越好。如纯铜在室温下有良好的锻造性能;碳钢的锻造性能优于合金钢;铸铁则不能锻造。

（3）焊接性能。

焊接性能指材料是否易于焊接并能获得优质焊缝的能力,如图2-9、图2-10所示。碳钢的焊接性能主要取决于钢的化学成分,特别是钢的碳含量影响最大。低碳钢具有良好的焊接性能,而高碳钢、铸铁等材料的焊接性能较差。

图2-9　焊条电弧焊　　　　　　图2-10　机器人电焊

（4）热处理性能。

热处理性能指材料进行热处理的难易程度。热处理可以提高材料的力学性能,充分发挥材料的潜力。

（5）切削加工性能。

切削加工性能指材料接受切削加工的难易程度,主要包括切削速度、表面粗糙度、刀具的使用寿命等。一般来说,材料的硬度适中(180～220HBS),其切削加工性能良好,所以灰铸铁的切削加工性比钢好,碳钢的切削加工性比合金钢好。

第二节　金属材料的热处理

热处理是指将钢在固态下采用适当的方式进行加热、保温和冷却,通过改变钢的内部组织结构而获得所需性能的工艺方法。工艺包括加热、保温和冷却三个阶段,特点是只改变材料的结构和性能,而不改变工件形状。

金属材料热处理现场如图2-11所示。

钢铁材料是最常用的工程材料。热处理是指将钢在固态下采用适当的方式进行加热、保温和冷却,通过改变钢的内部组织结构而获得所需性能的工艺方法。通过适当的热处理,不仅可以提高钢的使用性能,改善钢的工艺性能,而且能够充分发挥钢的性能潜力,提高机械产品的产量、质量和经济效益。据统计,在机床制造中有60%～70%的零部件要经过热处理;在汽车、拖拉机制造中有70%～90%的零部件要经过热处理;各种工具和滚动轴承等则必须要进行热处理。

根据加热、冷却方式的不同以及钢的组织和性能的变化特征不同,可将热处理工艺进行如下分类,见表2-1。

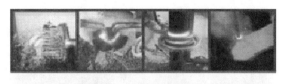

现代高炉出铁的情景

图 2-11 热处理现场

热处理的分类和主要目的　　　　　　表 2-1

类　型	热处理名称	主　要　目　的
整体热处理	退火	改善零件毛坯的切削加工性能
	正火	
	淬火	提高钢的强度和硬度
	淬火回火	消除内应力，获得所需的力学性能、稳定组织和尺寸
	调质（淬火 + 高温回火）	获得良好的综合力学性能，保持较高强度和硬度及良好的塑性和韧性
表面热处理	渗碳	使表面获得高硬度和耐磨性，心部仍保持高塑性和韧性
	渗氮	硬度高（可达 1000～1200HV），耐磨性高，氧化变形小，并能耐热、耐腐蚀和耐疲劳等

一、钢的退火与正火

钢的退火与正火是热处理的基本工艺之一，主要用于铸、锻、焊毛坯的预备热处理，以及改善机械零件毛坯的切削加工性能，也可用于性能要求不高的机械零件的最终热处理。

1. 钢的退火

将钢件加热（图 2-12）到适当温度，保持一定时间，然后缓慢冷却（图 2-13）的热处理工艺称为退火。退火的主要目的是：降低硬度，提高塑性，以利于切削加工或继续冷变形；细化晶粒，消除组织缺陷，改善钢的性能，并为最终热处理作组织准备；消除内应力，稳定工作尺寸，防止变形与开裂。退火的方法很多，通常按退火目的不同，分为完全退火、球化退火、去应力退火等。

2. 钢的正火

将钢件加热到适当温度、保温适当的时间后，在静止的空气中冷却的热处理工艺称为正火。正火的目的与退火相似，如细化晶粒、均匀组织、调整硬度等。与退火相比，正火冷却速度较快，因此，正火组织的晶粒比较细小，强度、硬度比退火后要略高一些。

图 2-12　热处理炉　　　　　　　　　图 2-13　空气冷却

常用退火和正火的加热温度范围和工艺曲线如图 2-14 所示。

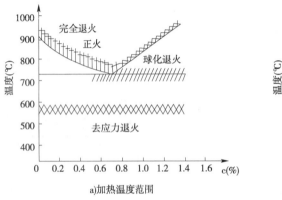
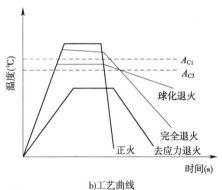

a) 加热温度范围　　　　　　　　　　b) 工艺曲线

图 2-14　加热温度范围和工艺曲线

二、钢的淬火

将钢件加热到某一温度,保持一定时间,然后在某种淬火介质中进行迅速冷却(图 2-15、图 2-16)的热处理工艺称为淬火。淬火的主要目的是为了提高钢的强度和硬度。钢件进行淬火冷却时所使用的介质称为淬火介质。目前生产中常用的淬火介质有水、水溶性的盐类和碱类、矿物油等,其中水和油最为常用。

图 2-15　冷却池　　　　　　　　　　图 2-16　冷却池

1. 淬火方法

(1) 单介质淬火法。

单介质淬火是将钢件加热保温后,浸入某一种淬火介质中连续冷却到室温的淬火,如碳钢件水冷、合金钢件油冷等。此法操作简单,但容易产生淬火变形与裂纹,主要适用于形状较简单的钢件。

(2) 双介质淬火法。

双介质淬火是将钢件加热保温后,先浸入一种冷却能力强的介质,在钢件还未到达该淬火介质温度之前即取出,马上浸入另一种冷却能力弱的介质中冷却,如先水后油、先水后空气等。此法既能保证淬硬,又能减少产生变形和裂纹的倾向,但操作较难掌握,主要用于形状较复杂的碳钢件和形状简单、截面较大的合金钢件。

(3) 分级淬火法。

分级淬火法是把加热好的钢件先放入具有一定温度的盐浴或碱浴中保持一定的时间,使钢件内外的温度达到均匀一致,然后取出钢件在空气中冷却。这种淬火方法可大大减少钢件的热应力和组织应力,明显地减少变形和开裂,但由于盐浴或碱浴的冷却能力较小,故此法只适用于截面尺寸比较小(一般直径或厚度小于10mm)的工件。

(4) 等温淬火法。

等温淬火法是将钢件加热保温后,随即快冷到温度区间(260~400℃)等温的淬火工艺。此法产生的内应力很小,所得到的组织具有较高的硬度和韧性,但生产周期较长,常用于形状复杂,强度、韧性要求较高的小型钢件,如各种模具、成型刃具等。

2. 钢的淬透性和淬硬性

(1) 淬透性。

根据钢在规定条件下淬火时获得淬硬深度的能力来衡量淬透性。所谓淬硬深度,就是从淬硬的工作表面量至规定硬度处的垂直距离。同一条件下淬火,淬透性越好,淬透层深度越深;反之,越浅。淬透性对钢热处理后的力学性能有很大影响。

(2) 淬硬性。

淬硬性是钢在理想条件下进行淬火硬化所能达到的最高硬度的能力。钢的淬硬性主要取决于钢的含碳量,含碳量越高,淬硬性越好。淬硬性与淬透性是两个意义不同的概念,淬硬性好的钢,淬透性并不一定好。

三、淬火钢的回火

将淬火钢件重新加热到某一温度,保温一定的时间,然后冷却到室温的热处理工艺称为回火。淬火和回火是在生产中广泛应用的热处理工艺,这两种工艺常结合使用,是强化钢材、提高机械零件使用寿命的重要手段。通过淬火和适当温度的回火,可以获得不同的组织和性能。图2-17、图2-18为回火热处理设备。

1. 回火的目的

钢件经淬火后虽然具有高的硬度和强度,但脆性较大,并存在较大的淬火应力,一般情况下必须经过适当的回火后才能使用。回火的目的主要有以下两个方面:

①降低脆性,减少或消除内应力,防止工件的变形和开裂;

②稳定组织,调整硬度,获得工艺所要求的力学性能。

图2-17 回火热处理设备

图2-18 回火热处理设备

2. 回火的分类与应用

淬火钢回火后的组织和性能主要取决于回火温度。根据回火温度的不同,可将回火分为以下三类。

(1)低温回火。

低温回火的温度为150~250℃,其目的是保持淬火钢的高硬度和高耐磨性,降低淬火应力,减少钢的脆性。低温回火后的硬度一般为58~64HRC。低温回火主要用于刃具、量具、冷作模具、滚动轴承、渗碳淬火件等。

(2)中温回火。

中温回火的温度为350~500℃,其目的是获得较高的弹性极限、较高的屈服强度和较好的韧性。中温回火后的硬度一般为35~50HRC。中温回火主要用于弹性零件及热锻模具等。

(3)高温回火。

高温回火的温度为500~650℃,其目的是获得良好的综合力学性能,即在保持较高强度和硬度的同时,具有良好的塑性和韧性。通常把钢件淬火及高温回火的复合热处理工艺称为调质处理,简称调质。高温回火后的硬度一般为220~330HBS。高温回火主要用于各种重要的结构零件,如螺栓、连杆、齿轮及轴类等。

四、钢的表面热处理

一些在冲击载荷、交变载荷及摩擦条件下工作的机械零件,如主轴、齿轮、曲轴等,其某些工作表面要承受较高的应力,要求工件的这些表面层具有高的硬度、耐磨性及疲劳强度,而要求工件的心部具有足够的塑性和韧性。为此,生产中常常采用表面热处理的方法,以达到强化工件表面的目的。

仅对工件表层进行热处理以改变其组织和性能的工艺称为表面热处理,常用的表面热处理方法包括表面淬火和化学热处理两类。

1. 钢的表面淬火

将工件的表层迅速加热到淬火温度进行淬火的工艺方法称为表面淬火。工件经表面淬火后,表层具有高的硬度和耐磨性,而心部仍为淬火前的组织,具有足够的强度和韧性。

根据加热方法的不同,常用的表面淬火有感应加热表面淬火、火焰加热表面淬火、激光加热表面淬火、电接触加热表面淬火等,其中感应加热表面淬火和火焰加热表面淬火应用最广泛。

(1)感应加热表面淬火。

利用感应电流通过工件所产生的热效应,使工件表面迅速加热并进行快速冷却的淬火工艺称为感应加热表面淬火。如图 2-19 所示。

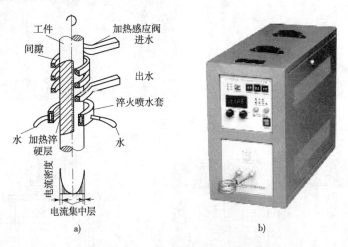

图 2-19　感应加热表面淬火

根据所用电流频率的不同,感应加热可分为高频感应加热、中频感应加热和工频感应加热三种。

(2)火焰加热表面淬火。

火焰加热表面淬火是采用氧——乙炔(或其他可燃气体)火焰,喷射在工件的表面上,使其快速加热,当达到淬火温度时立即喷水冷却,从而获得预期的硬度和有效淬硬层深度的一种表面淬火方法,如图 2-20 所示。

(3)激光加热表面淬火。

激光加热表面淬火是将激光束照射到工件表面上,在激光束能量的作用下,使工件表面迅速加热,当激光束移开后,由于基体金属的大量吸热而使工件表面获得急速冷却,以实现工件表面自冷淬火的工艺方法。如图 2-21 所示。

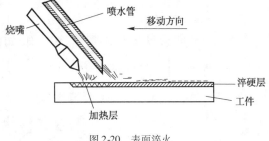

图 2-20　表面淬火

2. 钢的化学热处理

钢的化学热处理是将工件置于适当的活性介质中加热、保温、冷却,使一种或几种元素渗入钢件表层,以改变钢件表面的化学成分、组织和性能的热处理工艺。化学热处理的种类很多,根据渗入元素的不同,化学热处理分为渗氮、渗碳和碳氮共渗等。

(1)渗碳。

渗碳是把低碳钢工件放在渗碳介质中,加热到一定温度,保温足够长的时间,使表面层碳浓度升高的一种热处理工艺。根据渗碳介质不同,可分为固体渗碳、液体渗碳和气体渗碳,其中气体渗碳(图2-22)应用最广。

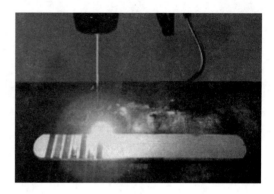

图 2-21　激光淬火

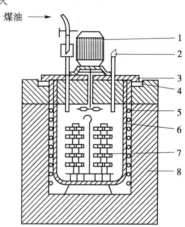

图 2-22　气体渗碳炉及原理示意图
1-风扇电动机;2-废气火焰;3-炉盖;4-砂封;5-电阻丝;6-耐热罐;7-工件;8-炉体

(2)渗氮(氮化)。

渗氮是在一定温度下于一定介质中使氮原子渗入工件表面的化学热处理工艺。目前应用最广的是气体渗氮。渗碳、渗氮、碳氮共渗常在图2-23所示的井式炉中进行。

图 2-23　井式炉

第三节 钢　　材

钢材的应用十分广泛,如图2-24所示。

图2-24　钢材的应用

现代金属材料种类繁多,可分为黑色金属和有色金属两大类。黑色金属主要是指钢和铸铁;其余金属,如铝、铜、锌、镁、铅、钛、锡等及其合金统称为有色金属。为了正确选择和使用材料,我们必须了解各种金属材料的分类、牌号、性能、用途和热处理等有关的基础知识。

常用的黑色金属材料有碳素钢、合金钢、铸铁等。钢铁是现代工业中应用最广泛的金属材料,其基本组元是铁和碳,故统称为铁碳合金。由于碳的质量分数大于6.69%时,铁碳合金的脆性很大,实用价值较低,故实际生产中应用的铁碳合金其碳的质量分数均在6.69%以下。为了改善铁碳合金的性能,还可以在碳钢和铸铁的基础上加入合金元素形成合金钢和合金铸铁,以满足各类机械零件的需要。

金属可分为黑色金属和有色金属两大类。常用的黑色金属材料有碳素钢、合金钢、铸铁等。

一、碳素钢

碳的质量分数小于2.11%的铁碳合金称为碳素钢,简称碳钢。碳钢容易冶炼,价格低廉,易于加工,性能上能满足一般机械零件的使用要求,因此是工业中用量最大的金属材料。

碳素钢中除铁和碳两种元素外,还有一些其他元素。钢中锰、硅是有益的元素,允许一定的含量;硫、磷是有害的元素,应严格控制其含量。但是,在易切削钢中适当提高硫、磷的含量,可使切屑易断,改善切削加工性能。

1. 碳钢的分类

碳钢的分类方法很多,常用的分类方法如下。

(1)按钢中碳的含量分类。

根据钢中含碳量的不同,可分为以下几种:

①低碳钢:含碳量分数为 $wC \leq 0.25\%$;

②中碳钢:含碳量分数为 $0.25\% < wC \leq 0.6\%$;

③高碳钢:含碳量分数为 $wC > 0.6\%$。

(2)按钢的质量分类。

根据钢中有害杂质硫、磷的含量,可分为以下几种。

①普通质量钢:钢中硫、磷含量较高($0.035\% < wS \leq 0.050\%$,$0.035\% < wP \leq 0.045\%$);

②优质钢:钢中硫、磷含量较低($0.020\% < wS \leq 0.035\%$,$0.030\% < wP \leq 0.035\%$);

③高级优质钢:钢中硫、磷含量很低($wS \leq 0.020\%$,$wP \leq 0.030\%$)。

(3)按钢的用途分类。

根据钢的用途不同,可分为以下几种。

①碳素结构钢:主要用于制造各种机械零件和工程结构。这类钢一般属于低、中碳钢。

②碳素工具钢:主要用于制造各种刃具、量具和模具。这类钢含碳量较高,一般属于高碳钢。

③碳素铸钢:主要用于制作形状复杂,难以用锻压等方法成形的铸钢件。

2. 碳钢的牌号、性能、用途

①普通质量碳素结构钢。

牌号由代表钢材屈服点的字母、屈服点数值、质量等级符号、脱氧方法等符号四部分按顺序组成。其中,质量等级共有四级,分别用 A、B、C、D 表示;脱氧方法符号用汉语拼音字母表示,"F"表示沸腾钢、"b"表示半镇静钢、"Z"表示镇静钢、"TZ"表示特殊镇静钢,在钢号中"Z"和"TZ"符号可省略。例如:

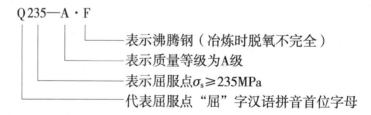

②优质碳素结构钢。

用两位数字表示钢的平均碳质量分数的万分数,例如 08 钢,表示 $w_C = 0.08\%$,若锰的含量较高($wMn = 0.7\% \sim 1.2\%$),则在两位数后加锰的元素符号 Mn,若是沸腾钢,则在钢号后加 F,镇静钢可省略。例如:

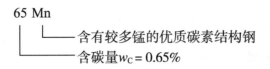

③碳素工具钢。

碳素工具钢具有较高的硬度和耐磨性,主要用于制造各种低速切削刀具、精度要求不高的量具和对热处理变形要求不高的一般模具。牌号以"T+数字"表示。"T"表示钢的类别为碳素工具钢,数字表示碳的质量分数的千分数。例如:"T8"表示含碳量为0.8%的优质碳素工具钢;"T10"表示含碳量为1.0%的优质碳素工具钢。若钢号后加"A",表示钢的质量级别为"高级优质钢";若钢号后加"E",表示钢的质量级别为"特级优质钢"。例如,"T12A"钢表示含碳量为1.2%的高级优质碳素工具钢。

碳素工具钢的缺点是淬透性低,回火稳定性小,热硬性差。因此,碳素工具钢只能用于制造刃部受热程度较低的手用工具、低速及小走刀量的机用工具。

二、合金钢

所谓合金钢就是在化学成分上特别添加合金元素用以保证一定的生产、加工工艺和所要求的组织与性能的铁基合金。随着现代工业和科学技术的迅速发展,合金钢在机械制造中的应用日益广泛。一些在恶劣环境中使用的设备以及承受复杂交变应力、冲击载荷和在摩擦条件下工作的工件更是广泛使用合金钢材料。

对于要求耐磨、切削速度较高、刃部受热超过200℃的一些刀具,应选用合金工具钢、高速刚或硬质合金。此外,碳钢无法满足某些特殊的性能要求,如耐热性、耐低温性、耐腐蚀性、高磁性、无磁性、高耐磨性等,而某些合金钢却具备这些性能。

合金钢性能虽好,但也存在不足之处。例如,在钢中加入合金元素会使其冶炼、铸造、锻造、焊接及热处理等工艺趋于复杂,成本提高。因此,当碳钢能满足使用要求时,应尽量选用碳钢,以降低生产成本。

1. 合金钢的分类。

合金钢种类繁多,为了便于生产、选材、管理及研究,根据某些特性,从不同角度出发可以将其分成若干种类。

(1)按用途分类。

①合金结构钢:可分为机械制造用钢和工程结构用钢等,主要用于制造各种机械零件、工程结构件等。

②合金工具钢:可分为刃具钢、模具钢、量具钢三类,主要用于制造刃具、模具、量具等。

③特殊性能钢:可分为抗氧化用钢、不锈钢、耐磨钢、易切削钢等。

(2)按合金元素含量分类。

①低合金钢:合金元素的总含量在5%以下。

②中合金钢:合金元素的总含量在5%~10%之间。

③高合金钢:合金元素的总含量在10%以上。

还有许多其他的分类方法,如按工艺特点可分为铸钢、渗碳钢、易切削钢等;按质量可以分为普通质量钢、优质钢和高级质量钢,其区别主要在于钢中有害杂质(S、P)的含量。

2. 合金钢的编号

我国的合金钢编号常采用"数字+化学元素+数字"的方法,化学元素采用元素中文名称或化学符号。化学成分的表示方法如下。

(1)碳的质量分数。

一般以平均碳含量的万分之几表示。如平均碳含量为0.50%,则表示为50;不锈钢、耐热钢、高速钢等高合金钢,其碳含量一般不标出,但如果几个钢的合金元素相同,仅碳含量不同,则将碳含量用千分之几表示。合金工具钢平均碳含量≥1.00%时,其碳含量不标出;碳含量<1.00%时,用千分之几表示。

(2)合金元素的质量分数。

除铬轴承钢和低铬工具钢外,合金元素含量一般按以下原则表示:含量小于1.5%时,钢号中仅表明元素种类,一般不表明含量;平均含量在1.50%~2.49%,2.50%~3.49%…22.50%~23.49%等时,分别表示为2,3…23;为避免铬轴承钢与其他合金钢表示方法的重复,含碳量不予标出,铬含量以千分之几表示,并冠以用途名称。如平均铬含量为1.5%的铬轴承钢,其牌号写为"滚铬15"或"GCr15";低铬工具钢的铬含量也以千分之几表示,但在含量前加个"0",如平均含铬量为0.6%的低铬工具钢,其牌号写为"铬06"或"Cr06";易切削钢前冠以汉字"易"或符号"Y";各种高级优质钢在钢号之后加"高"或"A"。例如:

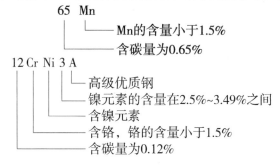

3. 合金结构钢

合金结构钢按照用途可分为低合金结构钢和机械制造用钢两大类。

(1)低合金结构钢。

低合金结构钢是一种低碳结构用钢,合金元素含量较少,一般在3%以下,主要起细化晶粒和提高强度的作用。这类钢的强度明显高于相同碳含量的碳素钢,所以常称其为低合金高强度钢。它还具有较好的韧性、塑性以及良好的焊接性和耐蚀性。最初用于桥梁、车辆和船舶等行业,现在其应用范围已经扩大到锅炉、高压容器、油管、大型钢结构以及汽车、拖拉机、挖土机械等产品方面。常用低合金钢的牌号、性能及用途见表2-2。

普通低合金钢的牌号及用途　　表2-2

牌　号	用　　途
09Mn2	油槽、油罐、机车车辆、梁柱等
14MnNb	油罐、锅炉、桥梁等
16Mn	桥梁、船舶、车辆、压力容器、建筑构件等
16MnCu	桥梁、船舶、车辆、压力容器、建筑构件等
15MnTi	船舶、压力容器、电站设备等
15MnV	压力容器、桥梁、船舶、车辆、启重机械等

(2) 合金渗碳钢。

用于制造渗碳零件的钢称为渗碳钢。渗碳钢的碳含量一般在 0.10% ~ 0.25% 之间,属于低碳钢。低的碳含量可保证渗碳零件心部具有足够的韧性和塑性。碳素渗碳钢的淬透性低,零件心部的硬度和强度,在热处理前后差别不大。而合金渗碳钢则不然,因其淬透性高,零件心部的硬度和强度,在热处理前后差别较大,可通过热处理使渗碳件的心部达到较显著的强化效果。合金渗碳钢中所含的主要合金元素有铬、镍、锰和硼等,其主要作用是提高钢的淬透性,改善渗碳零件心部组织和性能,同时还能提高渗碳层的性能(如强度、韧性及塑性),其中镍的效果最为显著。

(3) 调质合金钢。

调质钢是指经过调质处理后使用的碳素结构钢和合金结构钢。多数调质钢属于中碳钢,调质处理后,具有高的强度、良好的塑性与韧性,即具有良好的综合力学性能,常用于制造汽车、拖拉机、机床及其他要求具有良好综合力学性能的重要零件,如柴油机连杆螺栓、汽车底盘上的半轴以及机床主轴等。

40Cr 是最常用的合金调质钢,其强度比 40 钢提高了 20% 。

42CrMo,37CrNi3 钢的综合力学性能较为良好,尤其是强度较高,比相同碳含量的碳素调质钢高出 30% 左右。常用调质钢的用途见表 2-3。

各种调质钢和用途　　　　　　　　　　　　　　　　表 2-3

牌　号	用　　途
40Cr	制造重要的调质零件,如齿轮、轴、套筒、连杆螺钉、螺栓、进气阀等,可进行表面淬火及碳氮共渗
45Mn2	制造在高速与高弯曲负荷下工作的轴、连杆以及在高速高负荷(无强力冲击负荷)下的齿轮轴、齿轮、连杆盖、螺栓、小轴等
35CrMo	制造在高负荷下工作的重要结构零件,特别是受冲击、震动、弯曲、扭转负荷的零件,如车轴、发动机传动机件、汽轮发电机主轴、叶轮紧固零件、连杆、在 480℃ 以下工作的螺栓
30CrMnSi	制造重要用途零件,在震动负荷下工作的焊接件和铆接件,如高压鼓风机叶片、阀板、高负荷砂轮轴、齿轮、链轮、紧固件、轴套等,还用于制造温度不高而要求耐磨的零件
40CrNiMo	制造要求塑性好、强度高和较大截面的零件,如中间轴、半轴、曲轴、联轴器等
40CrMnMo	制造重要负荷的轴、偏心轴、齿轮轴、齿轮、连杆及汽轮机零件等

当要求调质零件硬度较高时,可先进行粗加工,然后再进行调质处理。对精度要求高的零件,调质后还需进行精加工。对调质零件硬度要求较低的零件,可采用"锻造→调质→机加工"的工艺路线。

(4) 弹簧钢。

弹簧钢是用于制造各种弹簧的专用合金结构钢。合金弹簧钢的基本性能是具有高的弹性极限和高的疲劳强度,足够的塑性,良好的表面质量。合金弹簧钢的含碳量一般为 0.5% ~ 0.7% ,主要合金元素有锰、铬等,主要目的是增加钢的淬透性,同时有效提高弹簧的疲劳强度。合金弹簧钢主要适用于各种机构、仪表、弹性元件。一般的热处理方法是淬火后进行中温回火处理。

(5)滚动轴承钢。

用于制造滚动轴承的钢称为滚动轴承钢。滚动轴承在工作时,滚动体和内套均受周期性交变载荷作用,由于接触面积小,其接触应力高,循环受力次数多,在套圈和滚动体表面都会产生小块金属剥落而导致疲劳破坏。要求滚动轴承钢具有高而均匀的硬度和耐磨性、高的弹性极限和接触疲劳强度、足够的韧性和淬透性以及在大气或润滑剂中具有一定的抗蚀能力。通常所说的滚动轴承钢都是指高碳铬钢,其碳含量约为0.95%~1.10%,铬含量为0.50%~1.60%,尺寸较大的轴承则可采用铬锰硅钢。

滚动轴承钢的热处理工艺主要为球化退火、淬火和低温回火。铬轴承钢制造轴承的生产工艺路线一般为:轧制或锻造→预先热处理(球化退火)→机加工→淬火和低温回火→磨加工→成品。

4.合金工具钢

合金工具钢用于制造刃具、模具、量具等工具。

(1)刃具钢。

刃具钢主要指制造车刀、铣刀、钻头等切削刀具的钢种。刀具的任务就是将钢材或坯料通过切割,加工成为工件。在切削时,刀具受到工件的压应力和弯曲应力,刃部与切屑之间发生相对摩擦,产生热量,使温度升高;切削速度愈大,温度愈高,有时可达500℃~600℃;一般冲击作用较小。根据刀具工作条件,对刃具钢的性能要求是高硬度、高耐磨性、高热硬性,还要求具有一定的强度、韧性和塑性,以免刃部在冲击、震动载荷作用下,突然发生折断或剥落。

(2)模具钢。

用于制造各类模具的钢称为模具钢。冷作模具钢包括拉延模是在室温下对金属进行变形加工的模具,包括拔丝模(图2-25a)、冲裁模(2-25b)、冷挤压模等。

a)拔丝模　　　　　　　　　　　　　b)冲裁模

图2-25　拔丝模和冲裁模

由其工作条件可知,冷作模具钢所要求的性能主要是高硬度、良好的耐磨性以及足够的强度和韧性;热作模具钢是在受热状态下对金属进行变形加工的模具,包括热锻模、热镦模等；图2-26所示为加工发动机连杆使用的热锻模。热作模具要求具有高的强度以及与韧性的良好配合，同时还要有足够的硬度和耐磨性；工作时经常与炽热的金属接触，必须具有高的回火稳定性；工作中反复受到炽热金属的加热和冷却介质冷却的交替作用，因此，还必须具有抗热疲劳能力。

(3) 量具钢。

图 2-26 热锻模

量具钢是用于制造测量工具的钢，如图2-27所示。主要性能要求高硬度、高耐磨性、高的尺寸稳定性和足够的韧性。一般可采用微变形钢制造精度要求较高的量具，如 CrMn、CrWMn、GCr15 钢等。一般的量具可以用碳素工具钢、合金工具钢和滚动轴承钢来制造。

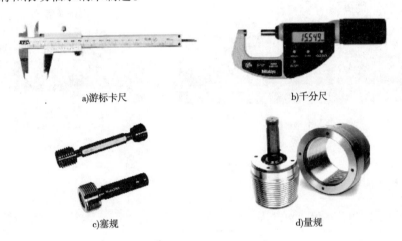

a)游标卡尺　　b)千分尺

c)塞规　　d)量规

图 2-27 测量工具

5. 特殊性能钢

所谓特殊性能钢是指不锈钢、耐热钢、耐磨钢等一些具有特殊化学和物理性能的钢。

(1) 不锈钢。

不锈钢是指在腐蚀介质中具有高的抗腐蚀能力的钢。常用的不锈钢主要有铬不锈钢和铬镍不锈钢。

① 铬不锈钢。铬不锈钢主要有1Cr13、2Cr13、3Cr13、4Cr13等，常称为Cr13型不锈钢，平均含铬量为13%，在大气、水蒸气中具有良好的耐蚀性，在淡水、海水、温度不超过30℃的盐水溶液、硝酸、食品介质以及浓度不高的有机酸中，也具有足够的耐蚀性，如图2-28所示。

② 铬镍不锈钢。铬镍不锈钢主要有0Cr18Ni9、1Cr18Ni9、2Cr18Ni9等，主要用于制造在腐蚀介质(硝酸、磷酸、有机酸及碱水)中工作的设备，例如吸收塔、管道及容器。

(2) 耐热钢。

耐热钢是指在高温下具有一定的抗氧化能力、较高的强度以及良好的组织稳定性的钢，汽轮机、燃气机的转子和叶片、锅炉过热器、高温工作的螺栓、内燃机进/排气阀等均用此类钢制造。耐热钢通常分为抗氧化钢和热强度钢。抗氧化钢主要用于长期在高温下不起氧化皮、强度要求不高的零件,如加热炉底板、渗碳炉等的零件,常用的牌号有4Cr9Si2,1Cr13SiA1。热强钢在高温下不但具有良好的抗氧化性,而且有较高的高温强度。

(3)耐磨钢。

耐磨钢主要指在冲击载荷作用下产生冲击硬化的高锰钢,主要化学成分是含碳1.0%～1.3%、含锰11%～14%。由于这种钢机械加工比较困难,基本上都是铸造成型,因而将其钢号写成ZGMn13。高锰钢广泛应用于既耐磨损又耐冲击的零件,如制造铁道岔道、挖掘机的铲斗、各式碎石机的颚板、衬板、坦克履带等,如图2-29所示。

图2-28　不锈钢厨具

图2-29　耐磨钢

第四节　铸　　铁

铸铁的应用如图2-30所示。

图2-30　铸铁的应用

铸铁是含碳量大于2.11%的铁碳合金。工业上常用的铸铁,含碳量一般在2.5%～4.0%的范围内,此外,还含有硅(Si)、锰(Mn)、硫(S)、磷(P)等元素。铸铁件生产工艺简单,成本低廉,并且具有优良的铸造性、切削加工性、耐磨性和减振性等。因此,铸铁件广泛应用于机械制造、冶金等,如图2-31所示。

一、铸铁的性能

铸铁中的碳主要以石墨形式存在,所以铸铁的组织是由钢的基体和石墨组成的。石墨虽然会降低铸铁的抗拉强度、塑性和韧性,但也正是由于石墨的存在,使铸铁具有以下优良性能:铸造性能良好、减摩性好、减振性强、切削加工性良好、缺口敏感性小。

a) 灰铸铁箱体

b) 球磨铸铁制动调整臂

图 2-31　铸铁件

二、铸铁的分类、牌号与用途

1. 铸铁的分类

铸铁的分类如图 2-32 所示。

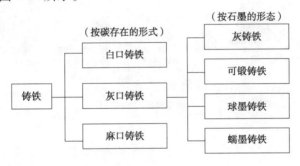

图 2-32　铸铁分类

（1）按石墨化程度分类。

按石墨化程度铸铁可分为以下几种。

①白口铸铁。硬而脆，切削加工较困难。除少数用来制造不需加工的硬度高、耐磨零件外，主要用作炼钢原料。

②灰口铸铁。其中碳主要以石墨形式存在，断口呈灰银白色，故称灰口铸铁，是工业上应用最多最广的铸铁。

③麻口铸铁。其中一部分碳以石墨形式存在，另一部分以 Fe_3C 形式存在，其组织介于白口铸铁和灰口铸铁之间，断口呈黑白相间构成麻点，故称为麻口铸铁。该铸铁性能硬而脆、切削加工困难，故工业上使用也较少。

（2）根据石墨存在的形态分类。

根据灰口铸铁中石墨存在的形态不同，可将铸铁分为灰铸铁、可锻铸铁、球墨铸铁、蠕墨铸铁四种。

①灰铸铁。铸铁组织中的石墨呈片状。图 2-33 所示为三种不同基体组织的灰铸铁。

这类铸铁力学性能较差，但生产工艺简单，价格低廉，工业上应用最广。

②可锻铸铁。俗称玛钢、马铁。它是白口铸铁通过石墨化退火，使渗碳体分解成团絮状的石墨而获得的。如图 2-34 所示为三种不同基体组织的可锻铸铁。

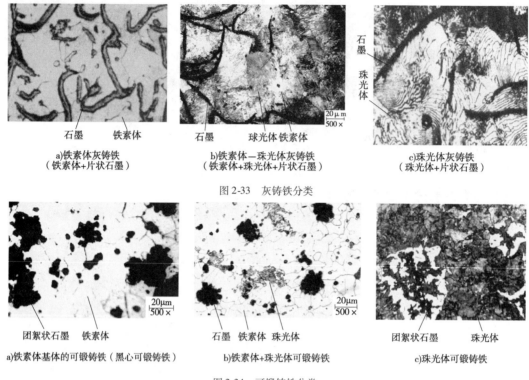

图 2-33 灰铸铁分类

图 2-34 可锻铸铁分类

可锻铸铁力学性能好于灰铸铁,但生产工艺较复杂,成本高,故只用来制造一些重要的小型铸件。

③球墨铸铁。铁水在浇注前经球化处理,使析出的石墨大部分或全部呈球状的铸铁。如图 2-35 所示为三种不同基体组织的球墨铸铁。

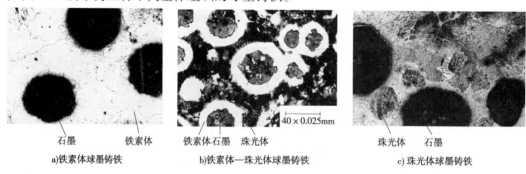

图 2-35 球墨铸铁分类

强度和塑性超过灰铸铁和可锻铸铁,接近铸钢,而铸造性能和切削性能均比铸钢要好。此类铸铁生产工艺比可锻铸铁简单,且力学性能较好,故得到广泛应用。

④蠕墨铸铁。在高碳、低硫、低磷的铁水中加入蠕化剂(目前采用的蠕化剂有镁铝合金、稀土镁钛合金或稀土镁钙合金),经蠕化处理后,使石墨变为短蠕虫状的高强度铸铁。蠕虫状石墨介于片状石墨和球状石墨之间,金属基体和球墨铸铁相近,如图 2-36 所示。性能介于优质灰铸铁和球墨铸铁之间;抗拉强度和疲劳强度相当于铁素体球墨铸铁;减震

性、导热性、耐磨性、切削加工性和铸造性能近似于灰铸铁。

此外,它的铸造性、耐热疲劳性比球墨铸铁好,因此,可用来制造大型复杂的铸件以及在较大温度梯度下工作的铸件,如图 2-37 所示。

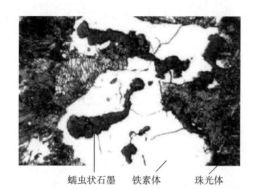

图 2-36　蠕墨铸铁的显微组织

图 2-37　蠕墨铸铁应用

2. 铸铁的牌号和用途

(1) 灰铸铁的牌号。

灰铸铁的牌号以其力学性能来表示。灰铸铁的牌号以"HT"起首,其后以三位数字来表示,其中"HT"表示灰铸铁,数字为其最低抗拉强度值。例如,HT200 表示抗拉强度值大于 200MPa 的灰铸铁牌号。灰铸铁共分为 HT100、HT150、HT200、HT250、HT300、HT350 六个牌号,用途见表 2-4。

表 2-4　灰铸铁的牌号和用途

牌号	用途
HT100	低负荷和不重要的零件,如外罩、手轮、支架和重锤等
HT150	承受中等负荷的零件,如泵体、轴承座和齿轮箱等
HT200	承受较大负荷的零件,如汽缸、齿轮、液压缸、壳体、飞轮、床身、活塞、联轴器、轴承座等
HT200 HT250	承受较大负荷的零件,如汽缸、齿轮、液压缸、壳体、飞轮、床身、活塞、联轴器、轴承座等
HT300 HT350	承受高负荷的重要零件,如齿轮、凸轮、车床卡盘、剪床和压力的机身、床身、高液压缸、滑阀壳体等

(2) 可锻铸铁。

牌号中"KT"是"可铁"两字汉语拼音的第一个字母,其后面的"H"表示黑心可锻铁,"Z"表示珠光体(一种铁碳合金内部组织形式)可锻铸铁。符号后面的两组数字分别表示其最小的抗拉强度值(MPa)和伸长率值(%)。例如:KTH300—06 表示最低抗拉强度为 300MPa,最低伸长率为 6% 的黑心可锻铸铁;KTZ450—06 表示最低抗拉强度为 450MPa,最低伸长率为 6% 的珠光体可锻铸铁。

可锻铸铁的牌号和力学性能见表 2-5。在球墨铸铁出现之前,可锻铸铁曾被广泛使用,但由于生产率低、生产成本高,故现在有被球墨铸铁取代的趋势。

可锻铸铁的牌号用途　　　　　表2-5

名称	牌号	用途
黑心可锻铸铁	KTH300—06 KTH330—08 KTH350—10 KTH370—12	汽车、拖拉机中的前后轮壳、差速器壳、制动器支架；农机中的犁刀、犁柱；以及铁道扣板、船用电机壳等
珠光体可锻铸铁	KTZ450—06 KTZ550—04 KTZ650—02 KTZ700—02	曲轴、凸轮轴、连杆、齿轮、摇臂、活塞环、轴套、犁刀、耙片、万向接头、棘轮、扳手、传动链条、矿车轮等

（3）球墨铸铁。

我国国家标准中列有七个球墨铸铁牌号，见表2-6。球墨铸铁牌号的表示方法是用"QT"及其后面的两组数字组成。"QT"为"球铁"两字的汉语拼音字头。其后第一组数字代表最低抗拉强度值，第二组数字代表最低伸长率值。例如：QT500—7表示最低抗拉强度为500MPa，最低延伸率为7%的球墨铸铁；QT400-18表示最低抗拉强度为400MPa，最低伸长率为18%的球墨铸铁。

球墨铸铁的牌号和用途　　　　　表2-6

牌号	用途
QT400—18	阀体、汽车内燃机零件和机床零件
QT400—15	
QT450—10	
QT500—7	机油泵、机车车辆的轴瓦
QT600—3	
QT700—2	柴油机曲轴、凸轮轴、汽缸体、汽缸套、活塞环、部分磨床和车床的主轴等
QT800—2	
QT900—2	拖拉机减速器齿轮、柴油机凸轮轴

第五节　有色金属材料

有色金属——黑色金属以外的金属，也称非铁金属。

轻金属——密度小于3.5g/cm^3（铝、镁、铍等）的有色金属。

重金属——密度大于3.5g/cm^3（铜、镍、铅等）的有色金属。

有色金属的应用如图2-38所示。

与黑色金属相比，有色金属及其合金具有许多特殊的力学、物理和化学性能。因此，在空间技术、原子能、计算机等新型工业部门中有色金属材料应用很广泛。例如，铝、镁、钛等。

金属及其合金具有比密度小、比强度高的特点，在航天航空工业、汽车制造、船舶制造等方面应用十分广泛。银、铜、铝等金属导电性能和导热性能优良,是电器工业和仪表工业不可缺少的材料;钨、钼、铌是制造在1300℃以上使用的高温零件及电真空元件的理想材料。本节仅介绍机械制造中广泛使用的铝、铜及其合金和轴承合金。

图2-38　有色金属材料应用

一、铜及铜合金

铜元素在地壳中的储量较小,它是人类历史上应用最早的金属。现代工业上使用较多的铜及铜合金主要有工业纯铜、黄铜和青铜,白铜应用较少。铜及铜合金的分类如图2-39所示。

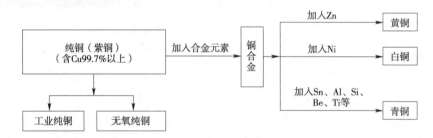

图2-39　铜及铜合金的分类

1. 纯铜

纯铜又称紫铜,纯铜的导电性和导热性优良,仅次于银,强度不高,硬度很低,塑性极好,并有良好的低温韧性,可以进行冷、热压力加工。纯铜具有很好的化学稳定性,在大气、淡水及冷凝水中均有优良的抗蚀性。纯铜在含有 CO 的湿空气中,表面将产生碱性碳酸盐的绿色薄膜,又称铜绿。

纯铜主要用于导电、导热及兼有耐蚀性的器材,如电线、电缆、电刷、防磁器械、化工用传热或深冷设备等。纯铜是配制铜合金的原料,铜合金具有比纯铜更好的强度及耐蚀性,是电气仪表、化工、造船、航空、机械等工业部门中的重要材料。工业纯铜用"T + 数字"表示。"T"表示"铜"汉字拼音首字母,数字表示顺序号。顺序号越大,杂质含量越高。常见牌号有T1、T2、T3 和 T4。常见铜制品如图2-40所示。

2. 铜合金

按化学成分,铜合金可分为黄铜(图2-41)、青铜(图2-42)及白铜(铜镍合金)三大类,在机器制造业中,应用较广的是黄铜和青铜。

图 2-40　铜制品

图 2-41　黄铜

图 2-42　青铜

（1）黄铜。

黄铜是以锌为主加元素的铜合金,黄铜可分为:普通黄铜和特殊黄铜。

普通黄铜又分为单相黄铜和双相黄铜。单相黄铜塑性很好,适用于冷、热变形加工。双相黄铜强度高,热状态下塑性良好,适用于热变形加工。普通黄铜牌号为"H + 数字"。其中,"H"表示普通黄铜的黄字汉语拼音字母的字头,数字表示平均含铜量的百分数。例如:H90 指含铜量为 90% 的普通黄铜。

在普通黄铜中加入其他合金元素所组成的合金,称为特殊黄铜。加入的合金元素有锡、硅、锰、铅和铝等,其分别称为锡黄铜、硅黄铜、锰黄铜、铅黄铜、铝黄铜等。锡提高黄铜的强度和在海水中的抗蚀性,又称海军黄铜。特殊黄铜的牌号为"H + 主加元素符号（除锌外）+ 铜的百分数 + 主加元素含量的百分数"。例如:HPb59 - 1 指含铜 59%、铅 1% 的铅黄铜。

（2）青铜。

除了黄铜和白铜（铜和镍合金）外,所有的铜基合金都称为青铜。按主添加元素种类分为锡青铜、铝青铜、硅青铜、铍青铜等。青铜牌号为"Q + 主添加元素符号和含量 + 其他加入元素含量"。例如:QSn4—3 指含锡 4%、含锌 3%,其余为铜的锡青铜;QAl7 指含铝 7%,其余为铜的铝青铜（图 2-42）。

锡青铜:含锡量小于 8% 的锡青铜,具有较好的塑性和适当的强度,适于压力加工。含锡量大于 10% 的锡青铜,塑性较差,只适于铸造。锡青铜在大气及海水中的耐蚀性好,用于制造耐蚀零件。

铝青铜:铝青铜比黄铜和锡青铜有更好的耐蚀性,更高的力学性能、耐磨性和耐热性。

铍青铜:综合性能较好的结构材料。用作弹性元件和耐磨零件。

硅青铜:具有很高的力学性能和耐蚀性能,具有良好的铸造性能和冷、热变形加工性能。常用来制作耐蚀、耐磨零件。

(3) 白铜。

白铜是以镍为主,加合金元素的铜合金。具有很好的冷热加工性能,不能进行热处理强化,只能用固溶强化和加工硬化来提高强度。牌号为"B+镍含量"。三元以上的白铜牌号为"B+第二个主添加元素符号及除基元素铜外的成分数字组"。例如:B30 表示含 Ni 量为 30% 的白铜;BMn3 – 12 表示含 Mn3%、含 Ni 12% 的锰白铜。白铜制品如图 2-43 所示。

图 2-43　白铜制品

二、铝及铝合金

铝是一种具有良好导电传热性及延展性的轻金属。铝中加入少量的铜、镁、锰等,可形成坚硬的铝合金。铝及铝合金的分类如图 2-44 所示。

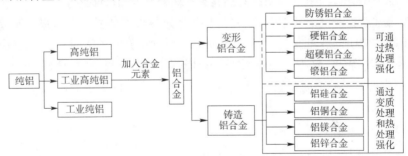

图 2-44　铝及铝合金的分类

1. 纯铝

铝是地壳中含量最丰富的一种金属元素。由于铝的化学性质活泼,冶炼比较困难。直到 100 多年前,人类才制得纯度较高的铝。铝是比较软的金属,不仅可用于生活用具中还可用于很多重要的机械零件(如飞机螺旋桨等)的制造中。

纯铝是银白色金属,主要的性能特点是密度小、导电性和导热性高、抗大气腐蚀性能好、塑性好、无铁磁性。因此,适宜制作电线、电缆以及具有导热和耐大气腐蚀性而对强度要求不高的一些制品。

纯铝分为未压力加工产品(铸造纯铝)和压力加工产品(变形铝)两种。

2. 铝合金

纯铝的强度低,不适宜作结构材料。若在铝中加入适量的硅、铜、镁、锰等合金元素形成铝合金,可提高材料强度,且保持了密度小、耐腐蚀性好、导热性好等特点。因此铝合金材料被广泛应用。铝合金可分为变形铝合金和铸造铝合金两大类。常见铝制品如图2-45所示。

图2-45 铝制品

(1)变形铝合金。

变形铝合金可按其性能特点分为铝—锰系和铝—镁系、铝—铜—镁系、铝—铜—镁—锌系、铝—铜—镁—硅系等。这些合金常经冶金厂加工成各种规格的板、带、线、管等型材。

①防锈铝合金。铝—锰和铝—镁系合金又叫防锈铝。这类合金具有良好的强度和塑性,良好的焊接性和耐蚀性。常用拉延法制造各种高耐蚀性的薄板容器(如油箱等)、防锈蒙皮以及受力小、质轻、耐蚀的制品与结构件(如管道、窗框、灯具等)。

②硬铝合金。铝—铜—镁系合金又叫硬铝,通过热处理能显著提高强度和硬度,但耐蚀性远比铝差。常用的牌号有:2A01(铆钉硬铝)有很好的塑性,大量用来制造铆钉;2A11(标准硬铝)既有高硬度,又有足够的塑性,常用来制形状较复杂、载荷较低的结构零件;2A12合金经淬火后可获得高强度,因而是目前最重要的飞机结构材料之一,广泛用于制造飞机翼肋、翼架等受力构件。

③超硬铝合金。铝—铜—镁—锌系合金又叫超硬铝合金。这类合金经过热处理后,强度、硬度比硬铝还高,故名超硬铝合金。目前应用最广的超硬铝合金是7A04,常用于飞机上受力大的结构零件,如起落架、大梁等,以及光学仪器中要求重量轻而受力较大的结构零件。

④锻铝合金。铝—铜—镁—硅系合金又叫锻铝,力学性能与硬铝相近,但热塑性及耐蚀性较高,更适于锻造,故名锻铝。由于其热塑性好,所以锻铝主要用于制造航空及仪表工业中各种形状复杂、要求比强度较高的锻件或模锻件,如各种叶轮、框架、支杆等。

（2）铸造铝合金。

铸造铝合金是指具有较好的铸造性能，宜用铸造工艺生产铸件的铝合金。根据化学成分不同可分为铝—硅系、铝—铜系、铝—镁系和铝—锌系铝合金。

铸造铝合金具有优良的铸造性能和抗蚀能力，常用于制造轻质、耐蚀和形状复杂的零件，如活塞仪表外壳、发动机缸体等。铸造铝合金的牌号以"Z"+铝的元素符号 Al + 主加元素符号及其百分比含量来表示。例如，ZAlAi9Mg 表示含硅 9%、含镁 1%，其余为铝的铸造铝合金。

三、轴承合金

滑动轴承与滚动轴承的工作方式不同，滑动轴承与轴颈之间的摩擦属于滑动摩擦。滑动轴承直接与旋转轴颈接触，因此既要具有一定的承载能力和使用寿命，又要尽可能少地对轴颈产生磨损。剖分式滑动轴承如图 2-46 所示。

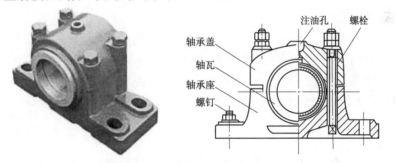

图 2-46 剖分式滑动轴承

滑动轴承是指支撑轴和其他转动或摆动零件的支撑件，它是由轴承体和轴瓦两部分构成的。轴瓦可以直接由耐磨合金制成（如图 2-47 所示），也可在铜体上浇铸一层耐磨合金内衬制成。用来制造轴瓦及其内衬的合金，称为轴承合金。

图 2-47 轴瓦及内衬

1. 轴承合金的性能要求

（1）对滑动轴承材料的要求。

①具有良好的减摩性。表现在摩擦系数低和磨合性（跑合性）好两个方面。磨合性是指在较短工作时间后，轴承与轴能自动吻合，使载荷均匀作用在工作面上，避免局部磨损。

②抗胶合性好。这是指摩擦条件不良时,轴承材料不会与轴粘着或焊合。

③具有足够的力学性能。滑动轴承合金要有较高的抗压强度和疲劳强度,并能抵抗冲击和振动。

④滑动轴承合金还应具有良好的导热性、小的热膨胀系数、良好的耐蚀性和铸造性能。

(2)轴承合金的性能要求。

①足够的强度和硬度,以承受轴颈较大的压力。

②高耐磨性和低摩擦因数,以减小轴颈的磨损。

③足够的塑性和韧性、较高的抗疲劳强度,以承受轴颈的交变载荷、抵抗冲击和振动。

④良好的导热性及耐蚀性,以利于热量的散失和抵抗润滑油的腐蚀。

⑤良好的磨合性,使其与轴颈能较快地紧密配合。

2.滑动轴承合金的牌号

轴承合金牌号表示方法为"Z(铸字汉语拼音的字首)+基体元素与主加元素的化学符号+主加元素的含量+辅加元素的化学符号+辅加元素的含量"。例如,ZSnSb8Cu4 为主加元素锑的质量分数为 8%、辅加元素铜的质量分数为 4%,余量为锡的铸造锡基轴承合金;ZPbSb15Sn5 为主加元素锑的质量分数为 15%、辅加元素锡的质量分数为 5%,余量为铅的铸造铅基轴承合金。

3.常用轴承合金

常用的轴承合金有锡基轴承合金、铅基轴承合金、铜基轴承合金、铝基轴承合金等。

(1)锡基轴承合金(锡基巴氏合金)。

锡基轴承合金(锡基巴氏合金)是以锡为基体元素,加入锑、铜等元素组成的合金。这类合金牌号表示方法为"Z+基体元素符号+主加元素符号+主加元素含量+辅加元素符号+辅加元素含量"。锡基轴承合金的主要优点是:适中的硬度、低摩擦因数、较好的塑性及韧性、优良的导热性和耐蚀性等,常用作重要的轴承,如汽轮机、发动机、压气机等巨型机器的高速轴承;它的主要缺点是疲劳强度较低、价格较高,故应用受到限制。

(2)铅基轴承合金(铅基巴氏合金)。

铅基轴承合金(铅基巴氏合金)是铅—锑为基体的合金。铅基轴承合金的牌号表示方法与锡基轴承合金相同。其强度、塑性、韧性、导热性和耐蚀性均较锡基合金低,且摩擦系数较大,价格较便宜。因此,铅基轴承合金常用来制造承受中、低载荷的中速轴承,如汽车、拖拉机的曲轴,连杆轴承及电动机轴承。

(3)铜基轴承合金。

铜基轴承合金主要有铅青铜和锡青铜。铅青铜是锡基轴承合金的代用品,它是平均含铅量为 30% 的铸造铅青铜,具有高承载能力、良好耐磨性、高导热性、高疲劳强度的特点。可广泛用于制造高速、重复工作的轴承。锡青铜也是一种良好的轴承合金,可以用来制造机床上的轴瓦、蜗轮、开合螺母等。

(4)铝基轴承合金。

铝基轴承合金密度小、导热性好、疲劳强度高、价格低廉,广泛应用于高速负荷条件下工作的轴承上。按化学成分可分为铝锡、铝锑和铝石墨三类。

四、硬质合金

1923年,德国人施勒特尔采用粉末冶金的方法,发明了一种新的合金材料——硬质合金,其硬度仅次于金刚石。硬质合金不仅硬度高,而且还具有很好的热硬性,解决了高硬度和高韧性材料难以加工的技术难题,并大大提高机械加工的切削速度,在机械制造业中具有划时代的意义。

硬质合金是指将一种或多种难熔金属硬碳化物和黏结剂金属,通过粉末冶金工艺生产的一类合金材料。即将高硬度、难熔的碳化钨(WC)、碳化钛(TiC)、碳化钽(TaC)等和钴(Co)、镍(Ni)等黏结剂金属,经制粉、配料(按一定比例混合)、压制成形,再通过高温烧结制成。

1. 硬质合金的性能特点

硬质合金刀具图2-48所示。

a)硬质合金焊接刀具

b)硬质合金机械夹持刀具

图2-48 硬质合金刀具

(1)硬度高、红硬性高、耐磨性好的硬质合金,在室温下的硬度可达86~93HRA,在900~1000℃温度下仍然有较高的硬度,故硬质合金刀具在使用时,其切削速度、耐磨性及寿命均比高速钢显著提高。

(2)抗压强度比高速钢高,但抗弯强度只有高速钢的1/3~1/2,且韧性差,约为淬火钢的30%~50%。

2. 常用的硬质合金

(1)钨钴类硬质合金(K类硬质合金)。

钨钴类硬质合金(K类硬质合金)主要成分是碳化钨(WC)和黏结剂钴(Co)。其牌号为"YG"+数字,数字表示含钴量的百分数。常用牌号有YG3、YG6、YG8。数字越大,抗冲击性能越好。例如:YG8表示含钴量为8%的钨钴类硬质合金。

(2)钨钴钛类硬质合金。

钨钴钛类硬质合金主要成分是碳化钨、碳化钛(TiC)及钴。其牌号为"YT+碳化钛平均含量的百分数"。常用牌号有 YT5、YT14、YT15、YT30。数字越大,硬度和耐磨性越高,强度和韧性越低。例如:YT5 表示含碳化钛5%的钨钴钛类硬质合金。

(3)钨钛钽(铌)类硬质合金(M类硬质合金)。

钨钛钽(铌)类硬质合金(M类硬质合金)以碳化钽或碳化铌取代 YT 类硬质合金中的一部分碳化钛制成。由于加入碳化钽(碳化铌),显著提高了合金的热硬性,常用来加工不锈钢、耐热钢、高锰钢等难加工的材料。牌号为"YW+顺序号"。如 YW1、YW2,二者用途相似,YW2 耐磨性稍差于 YW1,强度比 YW1 高,能承受较大的冲击载荷。

(4)通用硬质合金。

通用硬质合金主要成分是碳化钨、碳化钛、碳化钽(或碳化铌)及钴。这类硬质合金又称万能硬质合金。这类硬质合金既能加工钢,又能加工铸铁,可用于难加工钢材的加工。硬质合金刀片及刀具如图 2-49 所示。

图 2-49　硬质合金刀片及刀具

第六节　非金属材料

非金属材料应用如图 2-50 所示。

图 2-50　材料应用

一、工程材料的分类

机械工程材料是指具有一定性能,在特定条件下能够承担某些功能,被用来制造各类机械零件的材料。据统计,目前世界上的机械工程材料已达40多万种,并且以每年约5%的速度增加。机械工程材料种类繁多,应用的场合也各不相同。除了金属材料外,还有高分子材料、陶瓷材料、复合材料、新型材料等非金属材料。

1. 有机高分子材料

以高分子化合物为主要组分的材料称为高分子材料,可分为有机高分子材料和无机高分子材料两类。有机高分子材料主要有塑料、橡胶、合成纤维等;无机高分子材料主要有松香、淀粉、纤维素等。高分子材料具有较高的强度、弹性、耐磨性、抗腐蚀性、绝缘性等优良性能,在机械、仪表、电机、电气等行业得到了广泛应用。

有机高分子材料的性能特点是:电绝缘性优良、耐热性差、热膨胀大、化学稳定性高、不易老化。

2. 塑料

(1) 塑料的组成与分类。

①合成树脂。合成树脂即人工合成线型高聚物,是塑料的主要成分(占 40% ~ 100%),对塑料的性能起着决定性作用,故绝大多数塑料以树脂的名称命名。

②添加剂。添加剂是为改善塑料的使用性能或成形工艺性能而加入的其他辅助组分。包括填充剂、增塑剂、稳定剂、着色剂等。

③分类。按照受热后的性能不同,塑料分为热塑性塑料与热固性塑料两类;按照应用范围不同,塑料分为通用塑料、工程塑料和其他塑料三类。

(2) 塑料的性能。

工程塑料主要指综合性能(包括力学性能、耐热性、耐寒性、耐蚀性和绝缘性等)良好的各种塑料。它们是制造工程结构零部件、工业容器和设备等的一类新型结构材料。常用的工程塑料分为热塑性工程塑料和热固性工程塑料两类。工程塑料的优点有:密度小、比强度高、耐腐蚀、电绝缘性好、耐磨性和自润滑性好、透光、隔热、消音、吸振。

(3) 塑料在汽车上的应用。

汽车用塑料按照用途可分为内饰件用塑料、工程塑料和外装件用塑料。

①汽车内饰用塑料。

内饰用塑料品种主要有:聚氨酯(PU)、聚氯乙烯(PVC)、聚丙烯(PP)和 ABS 等。它们用于制作座垫、仪表板、扶手、头枕、门内衬板、顶棚衬里、地毯、控制箱、转向盘等内饰塑料制品。

②汽车用工程塑料。

汽车上常用的工程塑料有聚丙烯(PP)、聚乙烯(PE)、聚苯烯、ABS、聚酰胺、聚甲醛、聚碳酸酯、酚醛树脂等。

③汽车的外装件及结构件。

汽车的外装件及结构件包括传动轴、车架、发动机罩等,要求具备高强度,因而多采用纤维增强塑料复合材料制造。

3. 橡胶

所谓橡胶,是指在使用温度范围内处于高弹性状态的高分子材料。如图 2-51 所示。

(1) 橡胶的组成。

①生胶——未加配合剂的天然或合成的橡胶。

②配合剂——为了提高和改善橡胶制品的各种性能而加入的物质。

③增强材料——主要由纤维织品、钢丝加工制成的帘布、丝绳、针织品等。

（2）橡胶的分类。

①按原料不同,橡胶分为天然橡胶和合成橡胶。

②按用途不同,橡胶分为通用橡胶和特种橡胶。

（3）橡胶的性能和应用。

①特性:高弹性,弹性变形量大;具有优良的伸缩性和积蓄能量的能力;具有良好的耐磨性、隔音性、阻尼性和绝缘性。

②应用:橡胶可用于制作轮胎、动静态密封件、减振件、防振件、传动件、运输胶带和管道、电线、电缆等（图2-51）。

图2-51　橡胶

4.陶瓷材料

陶瓷材料是金属和非金属元素间的化合物,主要包括水泥、玻璃、耐火材料、绝缘材料、陶瓷等。陶瓷材料的主要原料是硅酸盐矿物,又称为硅酸盐材料。由于陶瓷材料不具有金属特性,因此,也称为无机非金属材料。陶瓷材料熔点高、硬度高、化学稳定性高,具有耐高温、耐腐蚀、耐磨损、绝缘性好等优点,在现代工业中的应用越来越广泛。

（1）陶瓷材料的分类。

①按原料分类:普通陶瓷又称传统陶瓷,特种陶瓷又称现代陶瓷。

②按性能和用途分类:陶瓷,工程陶瓷,功能陶瓷（图2-52～图2-54）。

图2-52　传统陶瓷　　　　　图2-53　日用陶瓷　　　　　图2-54　特种陶瓷

（2）陶瓷材料的性能特点。

①力学性能:与金属材料相比较,大多数陶瓷的硬度高,弹性模量大,脆性大,几乎没有塑性,抗拉强度低,抗压强度高。

②热性能:陶瓷材料熔点高,抗蠕变能力高;但陶瓷热膨胀系数和导热系数小。

③化学性能：陶瓷的化学稳定性很高，在强腐蚀介质、高温共同作用下有良好的抗蚀性能。

④其他物理性能：大多数陶瓷是电绝缘体，功能陶瓷材料具有光、电、磁、声等特殊性能。

（3）陶瓷的种类和用途。

①普通陶瓷。普通陶瓷分为普通工业陶瓷和化工陶瓷，主要用来制造绝缘子、静电纺织导纱器以及受力不大、工作温度低的酸碱容器、管道。

②特种陶瓷。

氧化铝瓷，主要用来制造内燃机火花塞、轴承的密封环、导弹导流罩等。

氮化硅瓷，主要用来制造耐磨、耐腐蚀、耐高温零件。

氧化镁瓷，主要用来制造熔炼 Fe、Cu、Mo、Mg 等金属的坩埚及熔化高纯度 U、Th 及其合金的坩埚。

氧化铍瓷，主要用来制造高温绝缘电子元件、核反应堆中子减速剂和反射材料、高频电路坩埚等。

5. 复合材料

复合材料由两种或两种以上的材料组合而成，可具有非同寻常的强度、刚度、高温性能和耐腐蚀性等，其性能是它的组成材料所不具备的。

（1）复合材料的分类。

根据基体材料不同，可将复合材料分为金属基复合材料、陶瓷基复合材料、聚合物基复合材料。

根据组织强化方式的不同，可将复合材料分为颗粒增强复合材料、纤维增强复合材料、层状复合材料等。

（2）复合材料的性能特点。

①比强度大、比模量高。

②良好的抗疲劳性和断裂安全性。

③优良的高温性能和减振性能。

④特殊的物理、化学性能。

复合材料的应用如图 2-55～图 2-57 所示。

图 2-55　玻璃纤维

图 2-56　碳纤维

图 2-57　复合地板

二、新型材料

1. 新型工程材料概述

工程材料是指进行工程建设中所使用的各种材料，除了金属材料外，其还包括高聚物材料、陶瓷材料、复合材料等。新型工程材料是指近年来被研制和应用的具有特殊的工艺性能、力学性能及其他特殊性能的材料,包括复合材料、铝锂合金、碳纤维、超高分子量聚乙烯纤维。

2. 新型工程材料的发展

(1)高强度材料的应用和加工速度的提高,促进了一系列陶瓷、氮化物、氧化物等新型刀具材料的出现。

(2)汽车轻量化和节能的要求,促进了高强度、高成形性的材料(如:双相钢、IF 钢、增磷钢等新型钢板)的发展。

(3)飞行速度的提高以及减轻飞行物重量所带来的巨额效益,促进了高比强度的新材料(如铝锂合金、工程塑料、新型复合材料)的发展。

(4)智能化、高效率和高精度的加工要求,促进了耐磨材料和表面处理工艺的发展。

(5)生物工程、生物医学、仿生设计的发展促进了一系列功能材料及纳米技术的发展。

新材料应用如图 2-58 所示。

图 2-58　新材料应用

第三章 机械传动

> **学习目标**
> 1. 了解摩擦轮传动、螺旋传动、带传动、链传动的种类、特点与应用;
> 2. 掌握齿轮传动的种类、特点和计算;
> 3. 掌握轮系的方向判定和计算。

三国时期诸葛亮发明的木牛流马使用了相当复杂的齿轮传动系统,如图3-1所示。链是齿轮传动系统的重要组成部分。

链,在我国古代出现很早,商代的马具上已有青铜链条;西安出土的秦代铜车马上,也有十分精美的金属链条。但这都不能算是链传动。作为动力传动的链条出现在东汉时期。东汉时,毕岚率先发明翻车,用以引水(图3-2)。

西汉时出现的手摇纺车,是一种典型的绳带传动。元代的水运大纺车(图3-3),也是用绳带传动的。

图3-1 木牛流马

图3-2 翻车

图3-3 水运大纺车

如今,机械传动在国防、科技、国民生产的各个领域以及日常生活中都有着极其广泛的应用。机械化生产水平的高低是衡量一个国家技术水平和现代化程度的重要标志。常用的机械传动如图3-4所示。

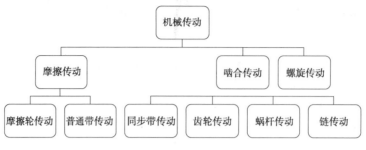

图 3-4　常用的机械传动

第一节　摩擦轮传动

如图 3-5 所示为摩擦轮传动应用示例。

图 3-5　摩擦轮传动应用

一、摩擦轮传动的工作原理和传动比

1. 摩擦轮传动工作原理

摩擦轮传动是利用两轮直接接触所产生的摩擦力来传递运动和动力的一种机械传动。

图 3-6 所示为最简单的摩擦轮传动,由两个相互压紧的圆柱形摩擦轮组成。在正常传动时,主动轮依靠摩擦力的作用带动从动轮转动,并保证两轮面的接触处有足够大的摩擦力,使主动轮产生的摩擦力矩足以克服从动轮上的阻力矩。如果摩擦力矩小于阻力矩,两轮面接触处在传动中会出现相对滑移现象,这种现象称为"打滑"。

增大摩擦力的途径有:一是增大正压力;二是增大摩擦因数。增大正压力可以在摩擦轮上安装弹簧或其他的施力装置(图 3-7a)。但这样会增加作用在轴和轴承上的载荷,导致传动件的尺寸增大,使机构笨重。因此,正压力只能适当增加。增大摩擦因数的方法,通常是将其中一个摩擦轮用钢或铸铁材料制造,在另一个摩擦轮的工作表面粘上一层石棉、皮革、橡胶布、塑料或纤维材料等。轮面较软的摩擦轮宜作主动轮,以避免传动中产生打滑,致使从动轮的轮面遭受局部磨损而影响传动质量。

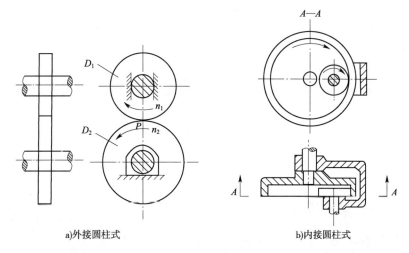

a)外接圆柱式　　　　　　　　b)内接圆柱式

图 3-6　两轴平行的摩擦轮传动

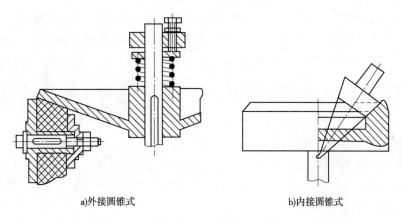

a)外接圆锥式　　　　　　　　b)内接圆锥式

图 3-7　两轴相交的摩擦轮传动

2. 传动比

机构中瞬时输入速度与输出速度的比值称为机构的传动比。对于摩擦轮传动,其传动比就是主动轮转速与从动轮转速的比值。传动比用符号 i 表示,表达式为

$$i = \frac{n_1}{n_2} \tag{3-1}$$

式中：n_1——主动轮转速,r/min；

n_2——从动轮转速,r/min。

如图 3-6a)所示,传动时如果两摩擦轮在接触处 P 点没有相对滑移,则两轮在 P 点处的线速度相等,即 $v_1 = v_2$。

因为
$$v_1 = \frac{\pi D_1 n_1}{1000 \times 60} \quad (\text{m/s}) \tag{3-2}$$

$$v_2 = \frac{\pi D_2 n_2}{1000 \times 60} \quad (\text{m/s}) \tag{3-3}$$

所以

$$n_1 D_1 = n_2 D_2 \tag{3-4}$$

或

$$\frac{n_1}{n_2} = \frac{D_2}{D_1} \tag{3-5}$$

由此可知:两摩擦轮的转速之比等于它们直径的反比。与公式(3-2)比较,得

$$i = \frac{n_1}{n_2} = \frac{D_2}{D_1} \tag{3-6}$$

式中:D_1——主动轮直径,mm;
　　　D_2——从动轮直径,mm。

二、摩擦轮传动的特点

(1)结构简单,使用维修方便,适用于两轴中心距较近的传动。
(2)传动时噪声小,并可在运转中变速、变向。
(3)过载时,两轮接触处会产生打滑,因而可防止薄弱零件的损坏,起到安全保护作用。
(4)在两轮接触处有产生打滑的可能,所以不能保持准确的传动比。
(5)传动效率较低,不宜传递较大的转矩,主要适用于高速、小功率传动的场合。

三、摩擦轮传动的类型和应用场合

按两轮轴线相对位置,摩擦轮传动可分为两轴平行和两轴相交两类。

1. 两轴平行的摩擦轮传动

两轴平行的摩擦轮传动有外接圆柱式摩擦轮传动(图3-6a)和内接圆柱式摩擦轮传动(图3-6b)两种。前者两轴转动方向相反,后者两轴转动方向相同。

2. 两轴相交的摩擦轮传动

两轴相交的摩擦轮传动,其摩擦轮多为圆锥形,并有外接圆锥式(图3-7a)和内接圆锥式(图3-7b)两种。

第二节　螺旋传动

如图3-8所示为螺旋传动的应用示例。

图3-8　螺旋传动应用

一、螺纹的种类和应用

常用螺纹的牙型及应用特点见表3-1。

常用螺纹的牙型及应用特点　　表3-1

名　称	牙型角	特　点	应　用
普通螺纹	60°	分为粗牙和细牙两类,细牙自锁性能较好;公称直径为螺纹大径	应用最广一般连接多用粗牙;细牙用于薄壁零件及受冲击、振动和微调机构中
圆柱管螺纹	55°	非螺纹密封的管螺纹;公称直径为管子内径	用于水、油、气管路及电器管路系统
圆锥管螺纹	55°	用螺纹密封的管螺纹;螺纹分布于1:16的圆锥管上	高压、高温系统的管路连接
梯形螺纹	30°	加工工艺性好,牙根强度高,对中性好	广泛用于传力或传动机构
锯齿形螺纹	工作面3°,非工作面30°	牙根强度高,效率高	广泛用于单向受力的传动机构
矩形螺纹	0°	效率高、牙根强度较弱、对中性精度低、制造困难	用于传力或传动机构

1. 按螺纹牙型的不同分类

按螺纹牙型的不同,螺纹可以分为三角形螺纹、矩形螺纹、梯形螺纹和锯齿型螺纹,如图3-9所示。

(1) 三角形螺纹。又称普通螺纹,牙型为三角形,分为粗牙和细牙两种,广泛用于各种紧固连接。粗牙的应用最广,细牙使用于薄壁零件的连接和微调机构的调整。

(2) 矩形螺纹。牙型为矩形,传动效率高,用于螺旋传动。但牙根强度低,精加工困难,还未标准化,已逐渐被梯形螺纹代替。

(3) 梯形螺纹。牙型是梯形,牙根强度较高,易加工。广泛用于螺旋传动。

(4) 锯齿型螺纹。牙型是锯齿形,牙根强度较高,用于单向螺旋传动。

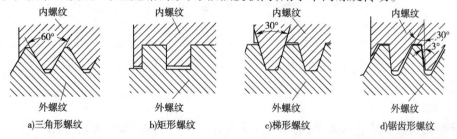

图3-9　螺纹的牙型

2. 按螺旋线方向分类

根据螺旋线方向不同,螺纹分为左旋螺纹和右旋螺纹。螺旋线方向的判别方法如下。

(1) 方法一。右旋螺纹:顺时针旋入的螺纹(或右边高),应用广泛。左旋螺纹:逆时针旋入的螺纹(或左边高)。

(2)方法二。用右手来判定:伸出右手,手心对着自己,四指与轴线平行,看螺纹的倾斜方向是否与大拇指的指向一致,一致则为右旋螺纹,不一致则为左旋螺纹。

3. 按螺旋线的线数分类

根据螺旋线的线数(头数),螺纹分为单线螺纹、双线螺纹和多线螺纹。

4. 按螺旋线形成的表面分类

根据螺旋线形成的表面,螺纹分为内螺纹和外螺纹。

二、普通螺纹的主要参数

普通螺纹的主要参数如图 3-10 所示。

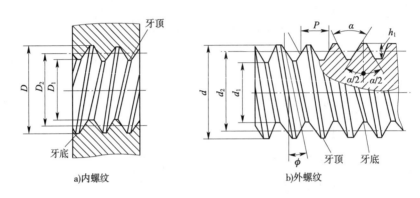

图 3-10　普通螺纹的主要参数

1. 大径

普通螺纹的大径是指与外螺纹牙顶或内螺纹牙底相切的假想圆柱的直径。内螺纹的大径用代号 D 表示,外螺纹的大径用代号 d 表示。螺纹的公称直径是指代表螺纹尺寸的直径。普通螺纹的公称直径是大径。

2. 小径

普通螺纹的小径是指与外螺纹牙底或内螺纹牙顶相切的假想圆柱的直径。内螺纹的小径用代号 D_1 表示,外螺纹的小径用代号 d_1 表示。

3. 中径

普通螺纹的中径是指一个假想圆柱的直径,该圆柱的素线通过牙型上的沟槽和凸起宽度相等的部位。该假想圆柱称为中径圆柱。内螺纹的中径用代号 D_2 表示,外螺纹的中径用代号 d_2 表示。

4. 牙型角

牙型角是指在螺纹牙型上,两相邻牙侧间的夹角。普通螺纹的牙型角用代号 a 表示。牙型半角是牙型角的一半,用代号 $a/2$ 表示。牙侧角是指在螺纹牙型上,牙侧与螺纹轴线的垂线间的夹角。

5. 螺距和导程

(1)螺距(P)。螺距是指相邻两牙在中径线上对应两点间的轴向距离。

(2)导程(P_h)。导程是指同一条螺旋线上的相邻两牙在中径线上对应两点间的轴向距离。

(3)螺距、线数、导程之间的关系。单线螺纹的导程等于螺距;多线螺纹的导程等于螺旋线数与螺距的乘积。

6. 螺纹升角

螺纹升角又称导程角,普通螺纹的螺纹升角是指在中径圆柱上,螺旋线的切线与垂直于螺纹轴线的平面的夹角。

7. 牙型高度 h_1

在螺纹牙型上,牙顶到牙底垂直于螺纹轴线方向上的距离。

三、普通螺纹的代号与标记

(1)普通螺纹代号。

粗牙普通螺纹用字母 M 及公称直径表示。

细牙普通螺纹用字母 M 及公称直径×螺距表示。

当螺纹为左旋时,在螺纹代号之后加"LH"字。

(2)普通螺纹标记。

普通螺纹的完整标记由螺纹代号、螺纹公差带代号和螺纹旋合长度代号所组成。

①细牙螺纹的每一个公称直径对应着数个螺距,因此必须标出螺距值,而粗牙普通螺纹不标螺距。

②右旋螺纹不标注旋向代号,左旋螺纹则用 LH 表示。

③旋合长度有长旋合长度 L、中等旋合长度 N 和短旋合长度 S 三种,中等旋合长度 N 不标注。

④公差带代号中,前者为中径公差带代号,后者为顶径公差带代号,两者一致时则只标注一个公差带代号。内螺纹用大写字母,外螺纹用小写字母。

⑤内、外螺纹配合的公差带代号中,前者为内螺纹公差带代号,后者为外螺纹公差带代号,中间用"/"分开。

四、常用螺纹的特点及应用

1. 普通螺纹

普通螺纹的当量摩擦系数较大,自锁性能好,螺纹牙根的强度高,广泛应用于各种紧固连接,还还可用于微调机构的调整。

2. 管螺纹

按螺纹是制作在柱面上还是锥面上,可将管螺纹分为圆柱管螺纹和圆锥管螺纹。前者用于低压场合,后者适用于高温、高压或密封性要求较高的管连接。

3. 矩形螺纹

矩形螺纹传动效率最高,但精加工较困难,牙根强度低,且螺旋副磨损后的间隙难以补偿,使传动精度降低。常用于传力或传导螺旋。矩形螺纹未标准化,已逐渐被梯形螺纹所替代。

4. 梯形螺纹

梯形螺纹传动效率略低于矩形螺纹,但工艺性好,牙根强度高,螺旋副对中性好,可以调整间隙。广泛用于传力或传导螺旋,如机床的丝杠、螺旋举重器等。

5. 矩齿形螺纹

矩齿形螺纹综合了矩形螺纹效率高和梯形螺纹牙根强度高的特点,但仅能用于单向受力的传力螺旋。

五、螺纹连接的基本类型(表3-2)

螺纹连接的基本类型　　　　　表3-2

类型	结　构	主要尺寸关系	特点和应用
螺栓连接		螺纹余留长度 l_1 普通螺栓连接 静载荷 $l_1 \geq (0.3 \sim 0.5)d$ 变载荷 $l_1 \geq 0.75d$ 冲击、弯曲载荷 $l_1 \geq d$ 配合螺栓连接 h_1 尽可能小螺纹伸出长度 $l_1 \approx (0.2 \sim 0.3)d$ 螺栓轴线到被连接件边缘的距离 $e = d + (3 \sim 6)$ mm	结构简单,装拆方便,应用广泛。这种连接适用于被连接件不太厚并能从被连接件两边进行装配的场合
双头螺柱连接		螺纹旋入深度 l_3,当螺纹孔零件为 钢或青铜 $l_2 \approx d$ 铸铁 $l_3 \approx (1.25 \sim 2.5)d$ 铝合金 $l_3 \approx (1.25 \sim 2.5)d$ 螺纹孔深度 $l_4 \approx l_3 + (2 \sim 2.5)d$ 钻孔深度 $l_5 \approx l_4 + (0.2 \sim 0.3)d$ l_1、l_2、e 螺栓连接	适用于被连接件之一太厚,不能采用螺栓连接或希望连接结构较紧凑,且需经常装拆的场合
螺钉连接		l_1、l_2、l_4、l_5、e 双头螺柱连接	适用于被连接件之一太厚且不经常装拆的场合

续上表

类型	结 构	主要尺寸关系	特点和应用
紧定螺钉连接		$d\approx(0.2\sim0.3)d$,转矩大时取大值	多用天轴与轴上零件的连接,并可传递不大的载荷

六、螺纹连接的预紧与防松

1. 螺纹连接的预紧

(1) 松连接。在装配时不拧紧,只承受外载时才受到力的作用。

(2) 紧连接。在装配时需拧紧,即在承载时,已预先受力,预紧力为 F_0。

(3) 预紧目的。保持正常工作。如汽缸螺栓连接,有紧密性要求,防漏气,接触面积要大,靠摩擦力工作,增大刚性等。

2. 螺纹连接的防松

(1) 防松目的。

实际工作中,外载荷有振动、变化、材料高温蠕变等会造成摩擦力减少,螺纹副中正压力在某一瞬间消失、摩擦力为零,从而使螺纹连接松动,如经反复作用,螺纹连接就会松弛而失效。因此,必须进行防松,否则会影响正常工作,造成事故。

(2) 防松原理。

消除(或限制)螺纹副之间的相对运动,或增大相对运动的难度。

(3) 防松方法。

按其工作原理可分为摩擦防松、机械防松、永久防松和化学防松四大类。

①摩擦防松,如图 3-11 所示。

②机械防松,如图 3-12 所示。

③永久防松,如图 3-13 所示。

④化学防松(黏合),如图 3-14 所示。

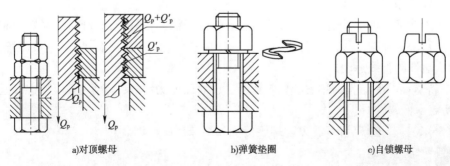

a) 对顶螺母　　　　b) 弹簧垫圈　　　　c) 自锁螺母

图 3-11　摩擦防松

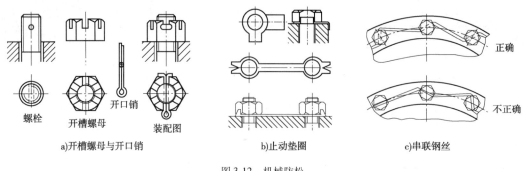

图 3-12　机械防松

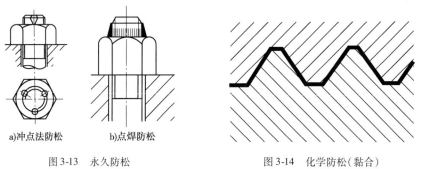

图 3-13　永久防松　　　　　图 3-14　化学防松（黏合）

七、螺旋传动的应用形式

如图 3-15 所示为螺旋传动的应用示例。

图 3-15　螺旋传动应用

1. 螺旋传动的特点及分类

螺旋传动是一种空间运动机构，是面接触的低副机构，螺杆与螺母间组成螺旋副。螺旋传动是利用螺旋副来传递运动和动力的一种机械传动，可以便于把主动件的回转运动转变为从动件的直线运动。

（1）特点。具有结构简单，工作连续、平稳，承载能力大，传动精度高等优点，但摩擦大，传动效率低，易磨损。

（2）分类。普通螺旋传动、差动螺旋传动和滚珠螺旋传动。

2. 普通螺旋传动

（1）普通螺旋传动的应用形式。

普通螺旋传动是由构件螺杆与螺母组成的简单螺旋副实现的传动。

①螺母固定不动,螺杆回转并作直线运动。应用实例:台虎钳、螺旋压力机、千分尺、活络扳手。

②螺杆固定不动,螺母回转并作直线移动。应用实例:螺旋千斤顶、插齿机刀架。

③螺杆原位回转,螺母直线移动。应用实例:车床横刀架、机床溜板箱。

④螺母原位回转,螺杆直线移动。应用实例:应力试验机上的观察镜螺旋调整装置。

(2)普通螺旋传动中构件移向的判断。

普通螺旋传动时,从动件做直线运动的方向,不仅与螺纹的回转方向有关,还与螺纹的旋向有关。方法如下:

①判断螺旋传动中,转动和移动的构件是否为同一构件。

②根据螺纹的旋向用左手还是右手。右旋螺纹用右手,左旋螺纹用左手。

③手握空拳,四指指向与螺杆(或螺母)的回转方向相同,大拇指竖直,如果转动和移动的情况属于第一种,则大拇指的指向就是主动件(或从动件)的移动方向;如果属于第二种情况,则大拇指的反方向即为主动件(或从动件)的移动方向。

第三节 带 传 动

如图3-16所示为带传动应用示例。

图3-16 带传动应用

一、带传动的组成和原理

$$带传动\begin{cases}摩擦型带传动\begin{cases}圆带传动\\平带传动\\V带传动\begin{cases}普通V带传动\\窄V带传动\\多楔带传动\end{cases}\end{cases}\\啮合型带传动:同步带传动\end{cases}$$

1. 带传动的组成

带传动一般由固连与主动件的带轮(主动轮)、固连与从动件的带轮(从动轮)和紧套在两轮上的挠性带组成,如图3-17所示。

2. 带传动的主要类型

带传动按工作原理可分为摩擦式带传动和啮合式带传动。

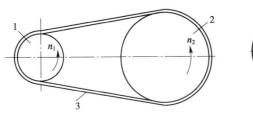
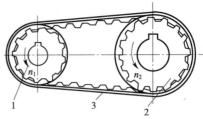

a) 摩擦型带传动　　　　　　　b) 啮合型带传动

图 3-17　带传动的组成
1-带轮(主动轮);2-带轮(从动轮);3-挠性带

(1) 摩擦式带传动。

按带的截面形状可分为平带传动(图 3-18a)、V 带传动(图 3-18b)、多楔带传动(图 3-18c)和圆带传动(图 3-18d)等传动类型。

  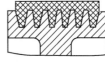

a) 平带传动　　　　b) V 带传动　　　　c) 多楔带传动　　　　d) 圆带传动

图 3-18　摩擦式带传动的类型

平带的横截面为扁平矩形,内表面为工作面;而 V 带的横截面为等腰梯形,两侧面为工作面。多楔带是以平带为基体,内表面具有等距纵向楔的环形传动带,其工作面为楔的侧面。它主要用于传递功率较大且要求结构紧凑的场合。圆带的横截面为圆形,只用于小功率传动,如缝纫机、仪器等。

(2) 啮合式带传动。

啮合式带传动是靠带上的齿与带轮上的齿相啮合来传递动力的,较典型的是图 3-17b)所示的同步带传动。同步带传动兼有带传动和齿轮传动的特点,传动结构紧凑。传动时无相对滑动,能保证准确的传动比。

带传动的特点和应用见表 3-3。

带传动的特点和应用　　　　　　　　　　　　　　　表 3-3

类型		图示	特点		应用
摩擦型带传动	平带		结构简单,带轮制造方便,平带质轻且绕曲性好	传动过载时存在打滑现象,传动比不准确	常用于高速、中心距较大、平行轴的交叉传动与相错轴的半交叉传动
	V 带		承载能力大,是平带的 3 倍,使用寿命较长		一般机械常用 V 带传动
	圆带		结构简单,制造方便,抗拉强度高、耐磨损、耐磨蚀,使用温度范围广,易安装,使用寿命长		常用于包装机、印刷机、纺织机等机器中

续上表

类 型	图 示	特 点	应 用
啮合型带传动 同步带		传动比准确,传动平稳,传动精度高,结构较复杂	常用于数控机床、纺织机械等传动精度要求较高的场合

3. 带传动的工作原理

带传动是以张紧在至少两个轮上的带作为中间挠性件,依靠带与带轮接触面间产生的摩擦力(啮合力)来传递运动与力的。摩擦力的大小不仅与带和带轮接触面的摩擦系数有关,还与接触面间的正压力有关。

二、V 带传动

1. V 带组成

V 带传动是由一条或数条 V 带和 V 带带轮(图 3-19)组成的摩擦带传动。

(1)外形:V 带是一种无接头的环形带,其横截面为等腰梯形,工作面是与轮槽相接处的两侧面,带与轮槽底面不接触。

(2)分类:按结构不同可以分为帘布芯和绳芯。

(3)组成:由包布、顶胶、抗拉体和底胶(图 3-20)。

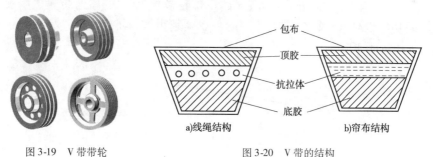

图 3-19　V 带带轮　　　　图 3-20　V 带的结构

2. V 带带轮

常用结构有实心式、腹板式、孔板式和轮辐式。材料为铸铁,常用 HT150、HT200。转速高时,用铸钢、钢的焊接结构;低速、小功率时,用铝合金、塑料。

三、V 带传动的主要参数

1. 普通 V 带的横截面尺寸

普通 V 带已经标准化,按横截面尺寸由小到大分别为 Y、Z、A、B、C、D、E 七种型号。如图 3-21 所示,在相同的条件下,横截面尺寸越大,传递的功率越大。

2. V 带带轮的基准直径 d_d

V 带带轮的基准直径 d_d——带轮上与所配用 V 带的节宽 b_p 相对应处的直径。如图 3-22 所示,在带传动中,带轮基准直径越小,传动时带在带轮上的弯曲变形越严重,V

带的弯曲应力越大,从而会降低带的使用寿命。为了延长传动带的使用寿命,对各种型号的普通 V 带带轮都规定了最小基准直径。

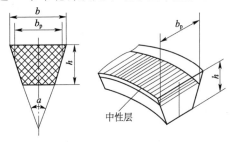

图 3-21　普通 V 带的横截面尺寸

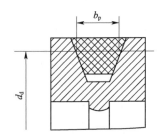

图 3-22　V 带带轮的基准直径

3. V 带传动的传动比 i

$$i_{12} = \frac{n_1}{n_2} = \frac{d_{d2}}{d_{d1}} \tag{3-7}$$

式中:d_{d_1}——主动轮基准直径,mm;

　　　d_{d_2}——从动轮基准直径,mm;

　　　n_1——主动轮的转速,r/min;

　　　n_2——从动轮的转速,r/min。通常 V 带传动比 $i \leqslant 7$,常用 2~7。

4. 小带轮的包角 α_1

包角即带与带轮接触弧所对应的圆心角。包角的大小反映了带与带轮轮缘表面间接触弧的长短(图 3-23)。两带轮中心距越大,小带轮包角也越大,带与带轮接触弧也越长,带能传递的功率也越大;反之,带能传递的功率就越小。为了使带传动可靠,一般要求小带轮包角大于等于 120°。

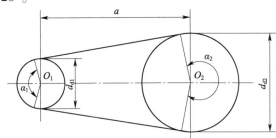

图 3-23　主要参数示意图

5. 中心距 a

中心距指两带轮中心连线的长度(图 3-23)。两带轮中心距增大,使带传动能力提高;但中心距过大,又会使整个传动尺寸不够紧凑,在高速时易使带发生震动,反而使带传动能力下降。

6. 带速 v

带速太低,传动尺寸大而不经济;带速太高,离心力又会使带与带轮间的压紧程度减少,传动能力降低。因此带速一般取 5m/s~25m/s。

7. V 带的根数 Z

根数多,传递功率大,但受力会不均匀,所以带的根数应小于 7。

四、普通 V 带的标记与应用特点

1. 普通 V 带的标记

（1）中性层指 V 带绕带轮弯曲时，其长度和宽度均保持不变的层面。

（2）基准长度 L_d 指在规定的张紧力下，沿 V 带中性层量得的周长，又称为公称长度。

（3）标记示例：

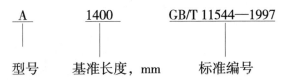

2. 普通 V 带传动的应用特点

（1）优点。

①结构简单，制造安装精度要求不高，使用维护方便，适用于两轴中心距较大的场合；

②传动平稳，噪声低，有缓冲吸振作用；

③在过载时，传动带在带轮上打滑，可以防止薄弱零件的损坏，起安全保护作用。

（2）缺点。

①不能保证准确的传动比；

②外廓尺寸大，传动效率低。

五、V 带传动的安装维护及张紧装置

1. V 带传动的张紧

V 带运行一段时间后，会产生磨损和塑性变形，使带松弛，初拉力减小，V 带传动能力下降。为了保证带传动的传动能力，必须定期检查与重新张紧，常用的张紧方法有下述两种。

（1）调整中心距。

如图 3-24a）所示，通过调节螺钉，使电动机在滑道上移动，直到所需位置；如图 3-24b）所示，通过螺栓使电动机绕定轴。摆动将张紧，也可依靠电动机和机架的自重使电动机摆动实现自动张紧，如图 3-24c）所示。

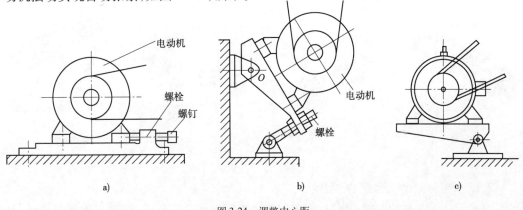

图 3-24　调整中心距

(2)采用张紧轮。

当中心距不能调节时,可采用张紧轮将带张紧,如图3-25所示。张紧轮一般放在松边内侧,使带只受到单向弯曲,并要靠近大轮,以保证小带轮有较大的包角,其直径宜小于小带轮直径。

2. 带传动的安装和维护

(1)安装V带时,先将中心距缩小后将带套入,然后慢慢调整中心距,直至张紧。

(2)安装V带时,两带轮轴线应相互平行,各带轮相对应的轮槽的对称平面应重合,其误差不得超过20°,如图3-26所示。

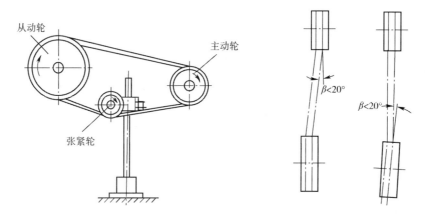

图3-25　采用张紧轮　　　　　　　图3-26　V带安装位置

(3)多根V带传动时,为避免各带受力不均,各带的配组公差应在同一档次。

(4)新旧带不能同时混合使用,更换时,要求全部同时更换。

(5)定期对V带进行检查,以便及时调整中心距或更换V带。

(6)为了保证安全,同时也防止油、酸、碱等对V带的腐蚀,带传动应加防护罩。

六、同步带传动

1. 同步带传动的组成

同步带传动一般是由同步带轮和紧套在两轮上的同步带组成(图3-27)。

a)同步带　　　　　　b)同步带轮　　　　　　c)同步带传动

图3-27　同步带组成

2. 同步带传动的工作原理

同步带传动是依靠同步带齿与同步带轮齿之间的啮合实现传动,两者无相对滑动,从而使圆周速度同步（故称为同步带传动）。图 3-28 所示为同步带工作原理。

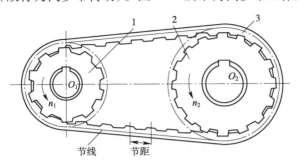

图 3-28 同步带工作原理
1-主动轮；2-从动轮；3-传动带

3. 同步带传动的特点

同步带是一种啮合传动，依靠带内周的等距横向齿与带轮相应齿槽间的啮合力来传递运动和力，兼有带传动和齿轮传动的特点（表 3-4）。

同步带传动的特点　　　　　　　　　　　表 3-4

优　　点	适　用　范　围	缺　点
带与带轮无相对滑动，能保证准确的传动比	可实现定传动比传动	制造要求高，安装时对中心距要求严格，价格较贵
传动平稳，冲击小	适用于精密传动	
传递功率范围大，最高可达 200kW	适用于大至几千瓦、小至几瓦的传动，主要应用于传动比要准确的中、小功率传动中	
允许的线速度范围大，最高速度可达 80m/s	适用于高速传动	
无须润滑，省油且无污染	适用于许多行业，特别是食品行业	
传动机构比较简单，维修方便，运转费用低		

4. 同步带的类型

图 3-29 所示为同步带类型。

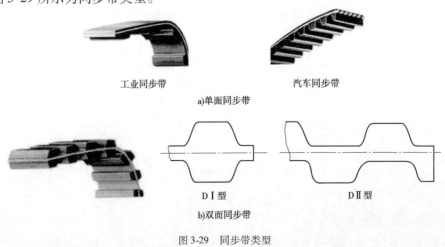

图 3-29 同步带类型

5.同步带传动的应用

同步带传动主要用于要求传动比准确的中、小功率传动中,如计算机、录音机、数控机床、汽车等(图3-30)。

a)纺织机

b)有线文字传真机

c)汽车上的应用

图3-30 同步带应用

第四节 链 传 动

如图3-31所示为链传动应用示例。

图3-31 链传动应用

一、链传动的组成及类型

1.链传动的组成

链传动是由主动链轮、从动链轮和链条等组成(图3-32)。链传动是靠链条和链轮轮齿的啮合来传递平行轴间的运动和动力。

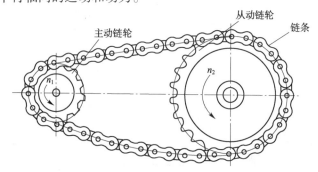

图3-32 链传动的组成

2.链传动的类型

按用途的不同,链传动分为传动链、起重链和输送链。起重链和输送链用于起重机械和运输机械。传动链主要用于一般机械中传递运动和动力,也可用于输送等场合。最常用的是滚子链和齿形链。输送链可直接用于各种机械上,以输送工件、物品和材料;也可以组成连式输送机,作为一个单元出现。起重链主要用于动力传递,起牵引、悬挂物体的作用,兼作缓慢运动。

根据结构的不同,传动链又可分为滚子链、套筒链、齿形链和成形链,分别如图3-33所示。

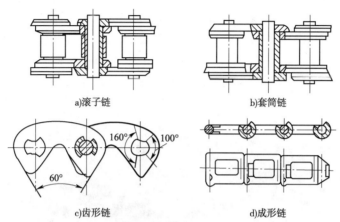

图 3-33 传动链的类型

3. 链传动的传动比

$$i_{12} = \frac{n_1}{n_2} = \frac{z_2}{z_1} \tag{3-8}$$

式中:n_1、n_2——主、从动轮的转速,r/min;
$\quad\ \ z_1$、z_2——主、从动轮齿数。

二、链传动的应用特点

1. 优点

(1)与带传动相比,链传动能保持准确的平均传动比。
(2)传动功率大。
(3)传动效率高,一般可达 0.95~0.98。
(4)可用于两轴中心距较大的情况。
(5)能在低速、重载和高温条件下,以及尘土飞扬、淋水、淋油等不良环境中工作。
(6)作用在轴和轴承上的力小。

2. 缺点

(1)由于链节的多边形运动,所以瞬时传动比是变化的,瞬时链速度不是常数,传动中会产生动载荷和冲击,因此不宜用于要求精密传动的机械上。
(2)链条的铰链磨损后,使链条节距变大,传动中链条容易脱落。
(3)工作时有噪声。
(4)对安装和维护要求较高。
(5)无过载保护作用。

三、滚子链和链轮

1. 滚子链（套筒滚子链）

（1）滚子链的结构和标准。滚子链由内链板、外链板、销轴、套筒和滚子组成，如图3-34所示。销轴和外链板、套筒和内链板分别采用过盈配合固定；而销轴与套筒、滚子与套筒之间则为间隙配合，保证链接屈伸时，内链板与外链板之间能相对转动。

（2）滚子链的种类。滚子链有单排、双排和多排。滚子链的接头形式如图3-35所示。当链条的链节数为偶数时，内外链板正好相接，接头处用开口销或弹簧卡锁紧（图3-35a、图3-35b），前者常用于大节距，后者一般用于小节距。当链条的链节数为奇数时，需要采用过渡链节（见图3-35c）。由于过渡链板是弯的，承载后会承受附加弯矩，使承载能力降低20%，所以链节数尽量不用奇数。图3-36所示为常用的双排链，排距用 p 表示。

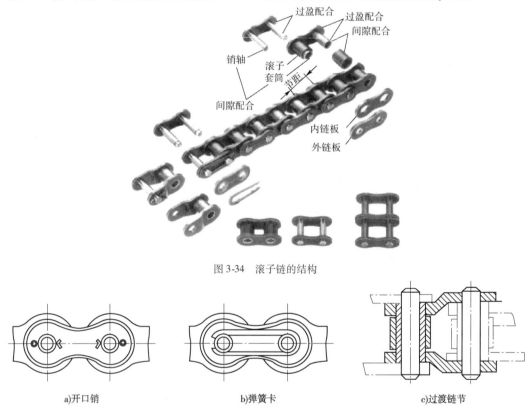

图3-34 滚子链的结构

a)开口销　　　　　b)弹簧卡　　　　　c)过渡链节

图3-35 滚子链的接头形式

多排链的承载能力与排数成正比。由于受到制造精度的影响，各排受力难以均匀，故排数不宜过多，一般不超过4排（图3-36、图3-37）。

2. 滚子链链轮

滚子链链轮是链传动的主要零件。链轮齿形应保证链条能平稳而顺利地进入和退出啮合，受力均匀，不易脱链，且便于加工。

链轮的齿形有国家标准。GB/T 1244—1997规定了滚子链链轮的端面齿槽形状，链轮的结构包括：实心式、孔板式、组合式、焊接式（如图3-38所示）。

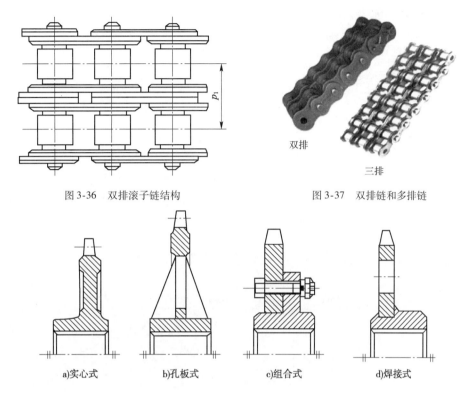

图3-36 双排滚子链结构　　　　图3-37 双排链和多排链

双排

三排

a)实心式　　b)孔板式　　c)组合式　　d)焊接式

图3-38 链轮的结构

四、滚子链的主要参数

1. 节距

链条的相邻两销轴中心线之间的距离称为节距,用符号 P 表示,如图3-39所示。节距是链的主要参数,链的节距越大,承载能力越强,但链传动的结构尺寸也会相应增大,传动的振动、冲击和噪声也越严重。因此,应用时尽可能选用小节距的链,高速、功率大时,可选用小节距的双排链或多排链。滚子链的承载能力和排数成正比,但排数越多,各排受力越不均匀,所以排数不能过多,常用双排链或三排链,四排以上很少使用。

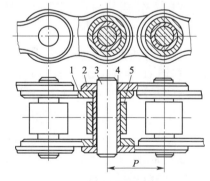

图3-39 节距
1-内链板;2-外链板;3-销曲;4-套筒;5-滚子

2. 节数

滚子链的长度用节数来表示。为了使链条的两端便于连接,链节数应尽量选取偶数,以便连接时正好使内链板和外联板相接。链接头处可用开口销或弹簧夹锁定(图3-40)。当链节数为奇数时,链接头需采用过渡链节。

3. 链条速度

链轮速度不宜过大,链条速度越大,链条与链轮间的冲击力也越大,会使传动不平稳,同时加速链条和链轮的磨损。一般要求链条速度不大于15m/s。

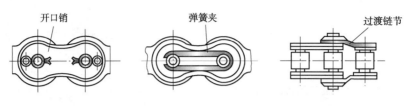

图 3-40　链条的连接

4. 链轮的齿数

为保证传动平稳,减少冲击和动载荷,小链轮齿数 z_1 不宜过小,一般 z_1 应大于 17。大链轮的齿数过多不仅会增大传动尺寸和质量外,还会出现跳齿和脱链现象,因此大链轮齿数不宜过多,通常 z_2 应小于 120。由于链节数常取偶数,为使链条与链轮轮齿磨损均匀,链轮齿数一般应取与链节数互为质数的奇数。

5. 滚子链的标记

滚子链是标准件,其标记为:链号 - 排数 - 链节数 - 标准编号。

标记示例:

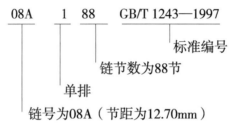

五、链传动的失效形式

(1)链板的疲劳破坏。在传动中,由于链条松、紧边拉力不同,使得滚子链各元件都受变应力作用。经过一定循环次数后,链板将出现疲劳破坏。在正常润滑条件下,链板疲劳强度是决定链传动承载能力的主要因素。

(2)滚子和套筒的冲击破坏。经常起动、反转、制动会使链传动产生较大的惯性冲击,使销轴、套筒、滚子产生冲击疲劳破坏。

(3)铰链的磨损。链传动时,相邻链节间产生相对转动,使销轴与套筒、套筒与滚子间发生摩擦,引起磨损。磨损后会使链节距变大,极易引起跳齿或脱链。

(4)销轴与套筒的胶合。在高速重载时,链条所受冲击载荷、振动较大,销轴与套筒接触表面难以形成连续的油膜,导致摩擦严重而产生高温,进而易发生胶合。

(5)链条的过载拉断。低速重载的链传动在过载时,链条会因静强度不足而被拉断。

六、齿形链

齿形链又称无声链,也属于传动链中的一种形式。齿形链由一组带齿的内、外链板左右交错排列,用铰链连接而成(图 3-41)。和滚子链相比,齿形链传动平稳性好、传动速度快、噪声较小、承受冲击性能较好,但结构复杂、装拆困难、质量较大、易磨损、成本较高。

a) 外链板　　　　　　　　　　b) 内链板

图 3-41　外链板和内链板

齿形链标记示例：

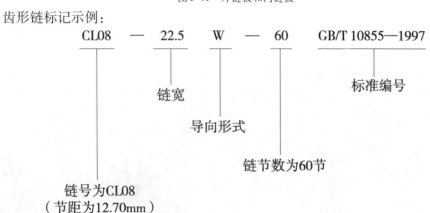

CL08 — 22.5 W — 60 GB/T 10855—1997

- 链号为 CL08（节距为 12.70mm）
- 链宽
- 导向形式
- 链节数为 60 节
- 标准编号

七、链传动的布置、安装和张紧、润滑

1. 链传动的布置

链传动的布置是否合理，对传动的工作能力及使用寿命都有较大影响。链传动布置时应注意：

(1) 两轮轴线应布置在同一水平面内，或两轮中心线与水平面成 45°以下的倾斜角。

(2) 应尽量避免垂直传动，使上、下链轮左右偏离一段距离 e。

(3) 紧边放在上边，避免松边在上边时链条下垂而出现咬链现象，见表 3-5。

链传动的布置　　　　　表 3-5

传动参数	正确布置	不正确布置	说　　明
$i>2$ $a=(30\sim50)p$			两轮轴线在同一水平面，紧边在上、在下均不影响工作
$i>2$ $a<30p$			两轮轴线不在同一水平面，松边应在下面，否则松边下垂量增大后，链条易与链轮卡死

续上表

传动参数	正确布置	不正确布置	说　明
$i<1.5$ $a<60p$			两轮轴线在同一水平面,松边应在上面,否则下垂量增大后,松边会与紧边相碰,需经常调整中心距
i、a 为任意值			两轮轴线在同一铅垂面内,下垂量增大会减少下链轮有效啮合齿数,降低传动能力,为此应采用:a)中心距可调;b)设张紧装置;c)上下两轮错开,使两轮轴线不在同一铅垂面内

2. 链传动安装和张紧

链传动张紧的目的主要是为了避免在链条的垂度过大时产生啮合不良和链条振动的现象;同时也为了增加链条与链轮的啮合包角。当两轮轴心连线倾斜角大于60°时,通常设有张紧装置,如图3-42所示。

图 3-42　链传动的张紧

(1)安装链传动时,两链轮轴线必须平行,并且两链轮旋转平面应位于同一平面内,否则会引起脱链和不正常的磨损。

(2)为了防止链传动松边垂度过大,引起啮合不良和抖动现象,应采取张紧措施。张紧方法有:当中心距可调时,可增大中心距,一般把两链轮中的一个链轮安装在滑板上,以调整中心距;当中心距不可调时,可去掉两个链节,或采用张紧轮张紧,张紧轮应放在松边外侧靠近小轮的位置上。

(3)良好的润滑可减轻磨损、缓和冲击和振动,延长链传动的使用寿命。采用的润滑油要有较大的运动粘度和良好的油性。对于不便使用润滑油的场合,应定期涂抹润滑脂、清洗链轮和链条。

(4)在链传动的使用过程中,应定期检查润滑情况及链条的磨损情况。

3. 链传动的润滑

链传动的润滑十分重要,对高速、重载的链传动更为重要。良好的润滑可缓和冲击,减轻磨损,延长链条使用寿命。

润滑方式有:滴油、浸油、油环、飞溅和喷油,如图3-43所示。

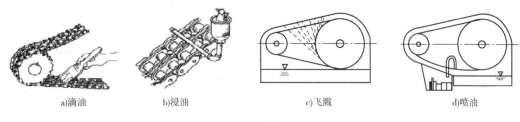

| a)滴油 | b)浸油 | c)飞溅 | d)喷油 |

图 3-43　润滑方式

第五节　齿轮传动

如图 3-44 所示为齿轮传动的应用。

齿轮传动是指用主、从动齿轮直接啮合,传递运动和动力的装置,可用来传递任意位置的两轴之间的运动和动力。在所有机械传动中,齿轮传动应用最广。

图 3-44　齿轮传动应用

一、齿轮传动的类型

齿轮的种类很多,可以按不同方法进行分类(图 3-45、图 3-46)。

(1)根据轴的相对位置,分为平面齿轮传动(两轴平行)与空间齿轮传动(两轴不平行)两种;

(2)按工作时圆周速度的不同,分为低速齿轮传动、中速齿轮传动、高速齿轮传动三种;

(3)按工作条件不同,分为闭式齿轮传动(封闭在箱体内,并能保证良好润滑的齿轮传动)、半开式齿轮传动(齿轮浸入油池,有护罩,但不封闭)和开式齿轮传动(齿轮暴露在外,不能保证良好润滑)三种;

(4)按齿宽方向(齿与轴的歪斜形式),分为直齿圆锥齿轮传动、斜齿圆锥齿轮传动和曲齿圆锥齿轮传动三种;

(5)按齿轮的齿廓曲线不同,分为渐开线齿轮传动、摆线齿轮传动和圆弧齿轮传动三种;

(6)按齿轮的啮合方式,分为外啮合齿轮传动、内啮合齿轮传动和齿条传动三种。

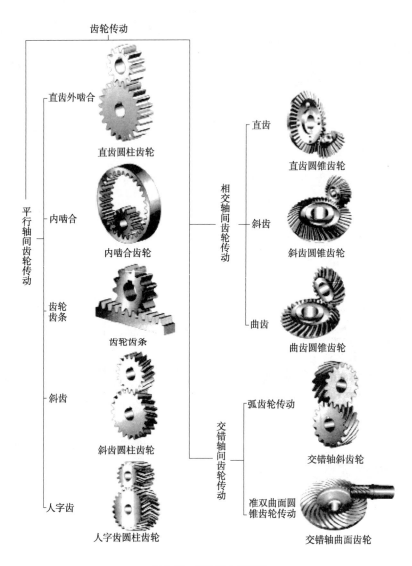

图 3-45 齿轮传动的类型

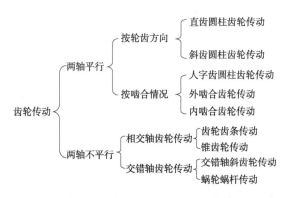

图 3-46 齿轮传动的分类

二、齿轮传动的应用

1. 传动比

$$i_{12}=\frac{n_1}{n_2}=\frac{Z_2}{Z_1} \tag{3-9}$$

式中：n_1、n_2——主从动轮的转速；

z_1、z_2——主从动轮的齿数。

2. 应用特点

（1）优点。

①能保证瞬时传动比恒定，工作可靠性高，传递运动准确。

②传递功率和圆周速度范围较宽，传递功率可达 50000kw/h，圆周速度 300m/s。

③结构紧凑，可实现较大传动比。

④传动效率高，使用寿命长，维护简便。

（2）缺点。

①制造和安装精度要求高，工作时有噪声。

②齿轮的齿数为整数，能获得的传动比受到一定的限制，不能实现无级变速。

③中心距过大时将导致齿轮传动机构结构庞大、笨重，不适宜中心距较大的场合。

三、渐开线齿廓啮合的基本定律

1. 渐开线的形成

（1）当一条动直线，沿着一个固定的圆（基圆）作纯滚动时，此动直线上任一点 K 的运动轨迹 CK 称为渐开线，该圆称为渐开线的基圆，其半径以 r_b 表示，该动直线称为渐开线的发生线。如图 3-47 所示。

（2）渐开线齿轮——以同一个基圆上产生的两条反向渐开线为齿廓的齿轮，如图 3-48 所示。

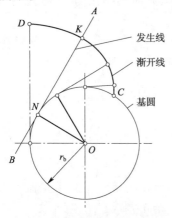

图 3-47 渐开线形成图

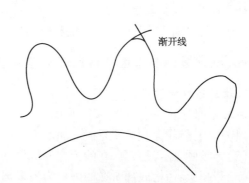

图 3-48 渐开线齿轮

2. 渐开线齿廓的性质

（1）发生线在基圆上滚过的线段长等于基圆上被滚过的弧长。

(2)渐开线上任意一点的法线必切于基圆。
(3)渐开线的形状取决于基圆的大小。
(4)渐开线上各点的曲率半径不相等。
(5)渐开线上各点的齿形角(压力角)不等。
(6)渐开线的起始点在基圆上,基圆内无渐开线。

3. 渐开线齿廓啮合基本定律

齿轮传动要满足瞬时传动比保持不变,则两轮的齿廓不论在何处接触,过接触点的公法线必须与两轮的连心线交于固定的一点。

渐开线齿廓的啮合特点如图3-49所示。

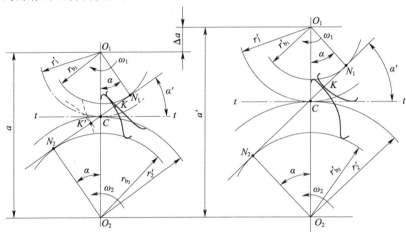

图3-49 渐开线齿廓的啮合特点

(1)传动比恒定。

(2)两齿轮的传动比与两节圆半径成反比,同时与两基圆半径成反比。由于两啮合齿轮的节圆半径、基圆半径是定值,所以能保证传动比恒定。

(3)传动的可分性。当两轮的中心距稍有变化时,其瞬时传动比仍将保持不变,这个特点称为渐开线齿轮传动的可分性。

(4)由于齿轮制造和安装误差等原因,常使渐开线齿轮的实际中心距与设计中心距之间产生一定误差,但因有可分性的特点,其传动比仍能保持不变。

四、渐开线标准直齿圆柱齿轮的基本参数和几何尺寸计算

1. 齿轮各部分的名称

齿轮各部分的名称如图3-50所示。

(1)齿槽:齿轮上相邻两轮齿之间的空间。
(2)齿顶圆:轮齿顶部所在的圆称为齿顶圆,其直径用d_a表示。
(3)齿根圆:齿槽底部所在的圆称为齿根圆,其直径用d_f表示。
(4)齿厚:一个齿的两侧端面齿廓之间的弧长称为齿厚,用s表示。
(5)齿槽宽:一个齿槽的两侧齿廓之间的弧长称为齿槽宽,用e表示。
(6)分度圆:齿轮上具有标准模数和标准压力角的圆称为分度圆,其直径用d表示。

(7)齿距:两个相邻而同侧的端面齿廓之间的弧长称为齿距,用 p 表示。即 $p=s+e$。
(8)齿高:齿顶圆与齿根圆之间的径向距离称为齿高,用 h 表示。
(9)齿顶高:齿顶圆与分度圆之间的径向距离称为齿顶高,用 h_a 表示。
(10)齿根高:齿根圆与分度圆之间的径向距离称为齿根高,用 h_f 表示。
(11)齿宽:沿齿轮轴线方向量得的齿轮宽度,用 b 表示。

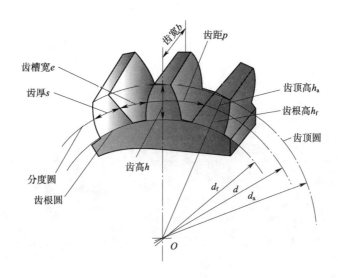

图 3-50　齿轮各部分的名称

2. 主要参数

(1)标准齿轮的齿形角 α。

齿形角:在端平面上,过端面齿廓上任意点 K 的径向直线与齿廓在该点处的切线所夹的锐角,用 α 表示。K 点的齿形角为 α_K(图 3-51)。渐开线齿廓上各点的齿形角不相等,K 点离基圆越远,齿形角越大;基圆上的齿形角 $\alpha=0°$。

分度圆压力角:齿廓曲线在分度圆上某点处的速度方向与曲线在该点处的法线方向(即力的作用线方向)之间所夹锐角,也用 α 表示。

(2)齿数 z。

一个齿轮的牙齿数目即齿数。

(3)模数 m。

因为分度圆周长 $\pi d=zp$,则分度圆直径为 $d=zp/\pi$,由于 π 为一无理数,为了计算和制造上的方便,人为地把 p/π 规定为有理数,即齿距 p 除以圆周率 π 所得的商称为模数,用 m 表示。即 $m=p/\pi$(mm)。

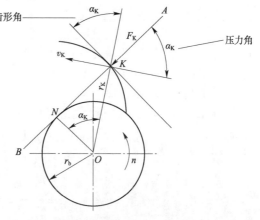

图 3-51　齿形角、压力角

齿数相等的齿轮,模数越大,齿轮尺寸就越大,轮齿也越大,承载能力越大。

(4)齿顶高系数 h_a^*。

对于标准齿轮,规定 $h_a = h_a^* m$。h_a^* 称为齿顶高系数。我国标准规定:正常齿 $h_a^* = 1$。

(5)顶隙系数 c^*(图3-52)。

当一对齿轮啮合时,为使一个齿轮的齿顶面不与另一个齿轮的齿槽底面相抵触,轮齿的齿根高应大于齿顶高,即应留有一定的径向间隙,称为顶隙,用 c 表示。顶隙可以避免一对齿轮传动时轮齿相互碰撞,并可贮存一些润滑油。对于标准齿轮,规定 $c = c^* m$。c^* 称为顶隙系数。我国标准规定:正常齿 $c^* = 0.25$。

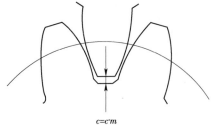

图3-52 顶隙系数

3. 标准直齿圆柱齿轮的几何尺寸计算

标准直齿圆柱齿轮的几何尺寸计算公式见表3-6。

标准直齿圆柱齿轮的几何尺寸计算公式　　　　表3-6

名 称	代 号	计 算 公 式
齿形角	α	标准齿轮为20°
齿数	z	通过传动比计算确定
模数	m	通过计算或结构设计确定
齿厚	s	$s = p/2 = \pi m/2$
齿槽宽	e	$e = p/2 = \pi m/2$
齿距	p	$p = \pi m$
基圆齿距	p_b	$p_b = p\cos\alpha = \pi m\cos\alpha$
齿顶高	h_a	$h_a = h_a^* m = m$
齿根高	h_f	$h_f = (h_a^* + c^*)m = 1.25m$
齿高	h	$h = h_a + h_f = 2.25m$
分度圆直径	d	$d = mz$
齿顶圆直径	d_a	$d_a = d + 2h_a = m(z + 2)$
齿根圆直径	d_f	$d_f = d - h_f = m(z - 2.5)$
基圆直径	d_b	$d_b = d\cos\alpha$
标准中心距	a	$a = (d_1 + d_2)/2 = m(z_1 + z_2)/2$

正常齿制:$h_a = 1, C = 0.25$

短齿制:$h_a = 0.8, C = 0.3$

例3-1 已知一对标准直齿圆柱齿轮传动,其传动比 $i_{12} = 3$,主动轮转速 $n_1 = 600 \text{r/min}$,中心距 $a = 168\text{mm}$,模数 $m = 4\text{mm}$,试求从动轮的转速 n_2、齿轮齿数 z_1 和 z_2 各是多少?

解: 传动比 $i_{12} = n_1/n_2 = z_2/z_1$

$n_2 = n_1/i_{12} = 600/3 = 200\text{r/min}$

$i_{12} = z_2/z_1 = 3$

$a = m(z_1 + z_2)/2 = 168$

$z_2 = 3z_1 \qquad z_1 = 21$

$z_1 + z_2 = 84 \qquad z_2 = 63$

五、直齿圆柱内啮和齿轮

直齿圆柱齿轮内啮合如图 3-53 所示。

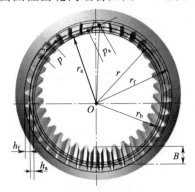 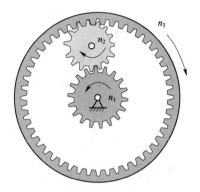

a)直齿圆柱齿轮内啮合　　　　　　　b)直齿圆柱齿轮内啮合传动

图 3-53　直齿圆柱齿轮内啮合

内齿轮与外齿轮不同点有：
（1）内齿轮的齿顶圆小于分度圆、齿根圆大于分度圆。
（2）内齿轮的齿廓是内凹的,齿厚和齿槽宽分别对应于外齿轮的齿槽宽和齿厚。
（3）为使内齿轮齿顶的齿廓全部为渐开线,其齿顶圆必须大于基圆。
当要求齿轮传动轴平行、回转方向一致、传动结构紧凑时,可采用内啮和齿轮。

六、直齿圆柱齿轮传动

1. 正确啮合条件

直齿圆柱齿轮正确啮合的条件是:两齿轮的模数和压力角分别相等,如图 3-54 所示。
①两齿轮的模数必须相等,$m_1 = m_2$；
②两齿轮分度圆上的齿形角必须相等,$\alpha_1 = \alpha_2$。

2. 连续传动条件

直齿圆柱齿轮连续传动条件是:前一对轮齿尚未结束啮合,后继的一对轮齿已进入啮合状态,如图 3-55 所示。注意:单个齿轮有固定的分度圆和分度圆压力角,而无节圆和啮合角;只有一对齿轮啮合时,才有节圆和啮合角。

七、其他齿轮传动

1. 斜齿圆柱齿轮及其传动

（1）斜齿圆柱齿轮。

齿线为螺旋线的圆柱齿轮称为斜齿圆柱齿轮,简称斜齿轮,如图 3-56 所示。当发生面沿基圆柱作纯滚动时,直线 BB 形成的一个螺旋形的渐开线曲面,称为渐开线螺旋面。

（2）斜齿圆柱齿轮传动的啮合性能。
①轮齿的接触线先由短变长,再由长变短,承载能力大,可用于大功率传动。
②轮齿上的载荷逐渐增加,又逐渐卸掉,承载和卸载平稳,冲击、振动和噪声小。

③由于轮齿倾斜,传动中会产生一个轴向力。

④斜齿圆柱齿轮在高速、大功率传动中应用十分广泛。

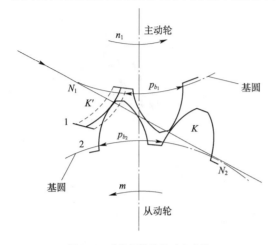

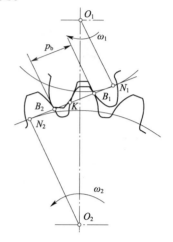

图 3-54　直齿圆柱齿轮啮合条件

图 3-55　连续传动条件

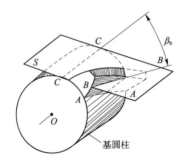

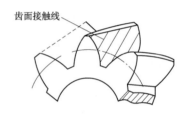

图 3-56　斜齿轮

（3）斜齿圆柱齿轮的主要参数和几何尺寸。

斜齿圆柱齿轮的主要参数和几何尺寸,如图 3-57 所示。

①端面:垂直于齿轮轴线的平面,用 t 作标记。

②法面:与轮齿齿线垂直的平面,用 n 作标记。

③β:斜齿圆柱齿轮螺旋角。

④判别方法:将齿轮轴线垂直放置,轮齿自左至右上升者为右旋,反之为左旋,如图 3-58 所示。

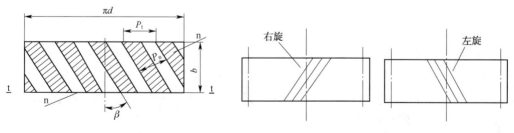

图 3-57　斜齿轮参数

图 3-58　斜齿轮的判别

（4）斜齿圆柱齿轮用于平行轴传动时的正确啮合条件。

①法面模数(法向齿距除以圆周率 π 所得的商)相等,即 $mn_1 = mn_2 = m$。
②法面齿形角(法平面内,端面齿廓与分度圆交点处的齿形角)相等,即 $\alpha n_1 = \alpha n_2 = \alpha$。
③螺旋角相等、旋向相反,即 $\beta_1 = -\beta_2$。

2. 直齿锥齿轮及其传动

(1)直齿锥齿轮。

分度曲面为圆锥面的齿轮称为锥齿轮,如图 3-59 所示。

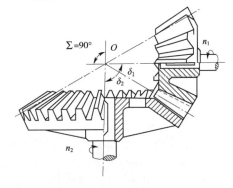

图 3-59 锥齿轮

(2)直齿锥齿轮的正确啮合条件。
①两齿轮的大端端面模数相等。
②两齿轮的齿形角相等。

3. 齿轮齿条传动

(1)齿条。

齿轮的齿数增加到无穷多时,其圆心位于无穷远处,齿轮上的基圆、分度圆、齿顶圆等各圆成为基线、分度线、齿顶线等互相平行的直线,渐开线齿廓也变成直线齿廓,齿轮即演化成为齿条。齿条分直齿条和斜齿条,如图 3-60 所示。

齿条可视为齿数趋向于无穷大的圆柱齿轮。当一个圆柱齿轮的齿数无穷增大时,其分度圆面、齿顶圆面和齿根圆面为互相平行的直线,分别称为分度线、齿顶线和齿根线。相应的基圆无限增大。

a)斜齿条 b)直齿条

图 3-60 齿轮齿条

(2)齿条的特点。
①齿廓上各点的法线相互平行。传动时,齿条做直线运动,且速度大小和方向均一致。

②齿条齿廓上各点的齿形角均相等,且等于齿廓直线的倾斜角,标准值 α 为 20°。

③不论在分度线上、齿顶线上,还是在与分度线平行的其他直线上,齿距均相等,模数为同一标准值。

(3)齿轮齿条传动。

由直齿条(或斜齿条)与直齿(或斜齿)圆柱齿轮组成的运动副称为齿条副。

齿轮齿条传动的主要目的是将齿轮的回转运动变为齿条的往复直线运动,或将齿条的直线往复运动变为齿轮的回转运动。

八、齿轮轮齿的失效形式

失效是指齿轮传动过程中,若轮齿发生折断、齿面损坏等现象,齿轮失去了正常的工作能力。常见的失效形式有以下几种。

1. 齿面点蚀

点蚀多发生在靠近节线的齿根表面处(图 3-61)。齿面点蚀是在润滑良好的闭式齿轮传动中轮齿失效的主要形式之一。齿面抗点蚀能力主要与齿面的硬度有关。提高齿面硬度、减小齿面的表面粗糙度和增大润滑油的黏度有利于防止点蚀。

2. 齿面磨损

齿面磨损是润滑条件不好、易受灰尘及其有害物质侵袭的开式齿轮传动的主要失效形式之一(图 3-62)。为减小齿面磨损,应尽可能采用润滑条件良好的闭式传动;同时,提高齿面硬度,减小轮齿齿面表面粗糙度。

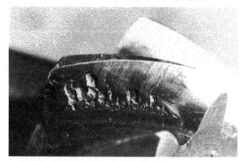

图 3-61 齿面点蚀

图 3-62 齿面磨损

3. 齿面胶合

提高齿面的硬度和减小轮齿表面粗糙度,以及两齿轮选择不同材料(亲和力小)等措施均可减少胶合的发生(图 3-63)。

4. 轮齿折断

齿轮折断(图 3-64)包括疲劳折断和过载折断。轮齿折断是开式齿轮传动和硬齿面闭式齿轮传动中轮齿失效的主要形式之一。预防措施为:选择适当模数和齿宽,采用合适的材料及热处理方法,减小齿根应力集中,齿根圆角不宜过小,应有一定要求的表面粗糙度,使齿根危险截面处弯曲应力最大值不超过许用应力值。

5. 齿面塑性变形

提高齿面硬度及采用黏度较高的润滑油,有利于防止或减轻齿面的塑性变形(图 3-65)。

第三章 机械传动

图3-63 齿面胶合

图3-64 轮齿折断

图3-65 齿面塑性变形

第六节 蜗杆传动

如图3-66所示为蜗杆传动应用示例。

图3-66 蜗杆传动应用

一、蜗杆传动的组成

蜗杆传动由蜗杆和蜗轮组成,通常由蜗杆(主动件)带动蜗轮(从动件)转动,并传递运动和动力,如图3-67所示。

1. 蜗杆结构

蜗杆通常与轴合为一体,如图3-68所示。

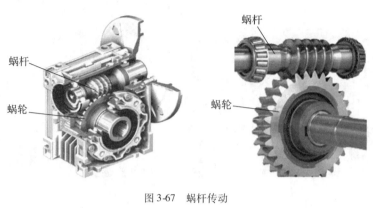

图 3-67　蜗杆传动

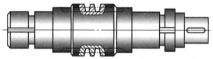

图 3-68　蜗杆与轴

2. 蜗轮结构

蜗轮通常采用组合结构,如图 3-69 所示。

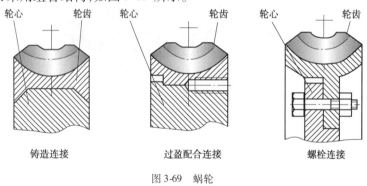

图 3-69　蜗轮

二、蜗杆的分类

常见的圆柱蜗杆传动如图 3-70a）所示;其中,常用的圆柱蜗杆是阿基米德蜗杆（图 3-70b）。蜗杆按螺旋线的方向不同分为左旋蜗杆和右旋蜗杆。

- 按蜗杆形状
  - 圆柱蜗杆传动
  - 环面蜗杆传动
  - 锥蜗杆传动
- 按蜗杆螺旋线方向
  - 左旋蜗杆
  - 右旋蜗杆
- 按蜗杆头数
  - 单头蜗杆
  - 多头蜗杆

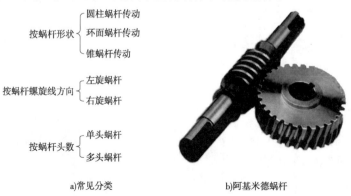

a)常见分类　　b)阿基米德蜗杆

图 3-70　圆柱蜗杆

三、蜗轮回转方向的判定

1. 判断蜗杆或蜗轮的旋向

右手法则：手心对着自己，四指顺着蜗杆或蜗轮轴线方向摆正，若齿向与右手拇指指向一致，则该蜗杆或蜗轮为右旋；反之则为左旋，如图 3-71 所示。

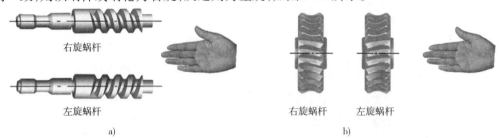

图 3-71 蜗轮蜗杆旋向判别

2. 判断蜗轮的回转方向

左、右手法则：左旋蜗杆用左手，右旋蜗杆用右手，用四指弯曲表示蜗杆的回转方向，拇指伸直代表蜗杆轴线，则拇指所指方向的相反方向即为蜗轮上啮合点的线速度方向，如图 3-72 所示。

a)右旋蜗杆传动　　　　　　b)左旋蜗杆传动

图 3-72 涡轮回转方向的判别

四、蜗杆传动的主要参数和啮合条件

在蜗杆传动中，其几何参数及尺寸计算均以中间平面为准。通过蜗杆轴线，且与蜗轮轴线垂直的平面称为中间平面。

1. 蜗杆传动的主要参数

蜗杆传动的主要参数如下（图 3-73）。

（1）模数 m、齿形角 α。

蜗杆的轴面模数 m_{x_1} 和蜗轮的端面模数 m_{t_2} 相等，且为标准值，$m_{x_1} = m_{t_2} = m$。

蜗杆的轴面齿形角 α_{x_1} 和蜗轮的端面齿形角 α_{t_2} 相等，且为标准值，$\alpha_{x_1} = \alpha_{t_2} = \alpha$。

（2）蜗杆分度圆导程角 γ。

蜗杆分度圆导程角指蜗杆分度圆柱螺旋线的切线与端平面之间的锐角。

（3）蜗杆分度圆直径 d_1 和蜗杆直径系数 q。

切制蜗轮的滚刀，其分度圆直径、模数和其他参数必须与该蜗轮相配的蜗杆一致，齿形角与相配的蜗杆相同。为了使刀具标准化，限制滚刀的数目，对一定模数 m 的蜗杆的分度圆直径 d_1 作了规定，即规定了蜗杆直径系数 q，$q = d_1 / m$。

(4)蜗杆头数 z_1 和蜗轮齿数 z_2。

蜗杆头数 z_1 根据蜗杆传动传动比和传动效率来选定,一般推荐选用 $z_1 = 1、2、4、6$。蜗轮齿数 z_2 根据 z_1 和传动比 i 来确定,一般推荐选用 $z_2 = 29 \sim 80$。

(5)蜗杆传动的传动比 i。

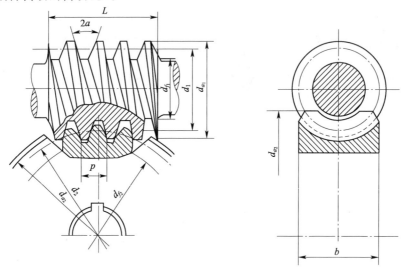

图 3-73　蜗杆传动的参数

2. 蜗杆传动的正确啮合条件

(1)在中间平面内,蜗杆的轴面模数 m_{x_1} 和蜗轮的端面模数 m_{t_2} 相等,即:$m_{x_1} = m_{t_2}$。

(2)在中间平面内,蜗杆的轴面齿形角 α_{x_1} 和蜗轮的端面齿形角 α_{t_2} 相等,即:$\alpha_{x_1} = \alpha_{t_2}$。

(3)蜗杆分度圆导程角 γ_1 和蜗轮分度圆柱面螺旋角 β_2 相等,且旋向一致,即:$\gamma_1 = \beta_2$。

五、蜗杆传动的应用特点

与齿轮传动相比,蜗杆传动的主要优点是:传动比大,结构紧凑;由于蜗杆齿连续不断地与蜗轮齿啮合,所以传动平稳、无噪声;蜗杆传动可以自锁,有安全保护作用。蜗杆传动的主要缺点是:摩擦发热大,效率低;蜗轮需要用有色金属材料制造,成本较高。

蜗杆传动广泛用于各类机床、矿山机械、起重运输机械的传动系统中,但因其效率低,所以通常用于功率不大、不连续工作的场合。

1. 蜗杆传动的润滑

(1)目的:减摩与散热,以提高蜗杆传动的效率,防止胶合及减少磨损。

(2)润滑方式:油池润滑、喷油润滑。

2. 蜗杆传动的散热

蜗杆传动散热的方式如图 3-74 所示。

3. 蜗杆传动的特点

(1)传动比大,结构紧凑。用于传递动力时,$i = 8 \sim 80$;用于传递运动时,i 可达 1000。

(2)传动平稳,无噪声。因为蜗杆与蜗轮齿的啮合是连续的,同时啮合的齿数较多,所以传动平稳性好。

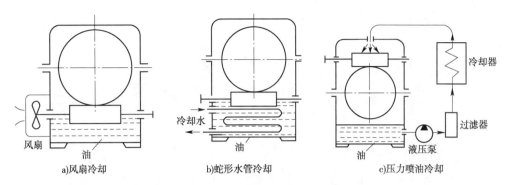

图 3-74 蜗杆传动散热的方式

（3）当蜗杆的螺旋角小于轮齿间的当量摩擦角时，蜗杆传动能自锁，即只能由蜗杆带动蜗轮，而不能蜗轮带动蜗杆。

（4）传动效率低。因为在传动中摩擦损失大，其效率一般为 $\eta = 0.7 \sim 0.8$，具有自锁性传动时的效率 $\eta = 0.4 \sim 0.5$。故不适用于传递大功率和长期连续工作的传动系统。

（5）为了减少摩擦，蜗轮常用贵重的减摩材料（如青铜）制造，因此成本高，例如图3-75所示。

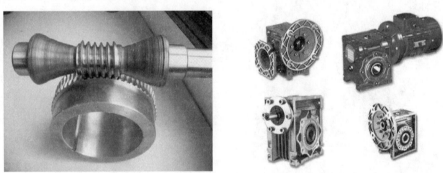

图 3-75 减速器

六、蜗杆传动的失效形式

蜗杆传动失效形式和齿轮传动的类似，也有齿面点蚀、胶合、磨损与齿根折断等几种情况，但因蜗杆传动的重要特点是齿面滑动速度较大、发热量大、磨损较为严重，所以一般开式传动的失效主要是由于润滑不良、润滑油不洁而造成的磨损严重；一般润滑良好的闭式传动失效形式主要是胶合。

第七节 轮 系

如图 3-76 所示为轮系应用示例。

一、轮系的概念

由一对啮合的齿轮所组成的传动机构，它是齿轮传动中最简单的形式。但在实际应用中，常常需要将主动轴的较快转速变为从动轴的较慢转速；或者将主动轴的一种转速变换为从动轴的多种转速;或改变从动轴的旋转方向。这就需要应用多对齿轮传动来实现,这种由一系列相互啮合齿轮组成的传动系统称为轮系。

图 3-76　轮系应用

二、轮系的分类

轮系的结构形式很多,轮系根据运转时各齿轮的几何轴线在空间的相对位置是否固定,可分为定轴轮系和周转轮系两大类。

1. 定轴轮系

传动时轮系中各齿轮的几何轴线位置都是固定的轮系称为定轴轮系,又称普通轮系,如图 3-77 所示。

图 3-77　定轴轮系示意

2. 周转轮系

传动时,轮系中至少有一个齿轮的几何轴线位置不固定,而是绕另一个齿轮的固定轴线回转,这种轮系称为周转轮系,如图 3-78 所示。

(1)行星轮系指有一个中心轮的转速为零的周转轮系。

(2)差动轮系指中心轮的转速都不为零的周转轮系。

3. 混合轮系

既有定轴轮系又有周转轮系的轮系称为混合轮系,如图 3-79 所示。

三、定轴轮系传动比计算

1. 定轴轮系中各轮转向的判断

(1)当首轮(或末轮)的转向为已知时,其末轮(或首轮)的转向也就确定了,表示方法可以用标注箭头的方法来确定,如图 3-80 所示。

第三章 机械传动

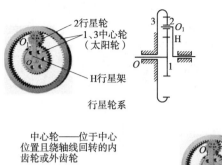

2行星轮
1、3中心轮（太阳轮）
H行星架

行星轮——同时与中心轮和齿圈啮合，既作自转又作公转的齿轮
行星架——支承行星轮的构件

行星轮系

中心轮——位于中心位置且绕轴线回转的内齿轮或外齿轮

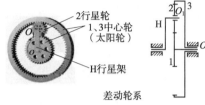

2行星轮
1、3中心轮（太阳轮）
H行星架

差动轮系

图 3-78 周转轮系

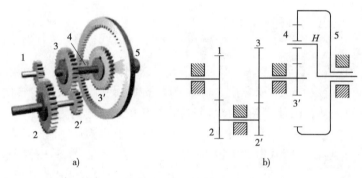

a)   b)

图 3-79 混合轮系

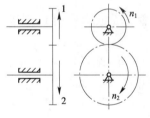

转向用画箭头的方法表示，主、从动轮转向相反时，两箭头指向相反

a) 圆柱齿轮啮合—外啮合

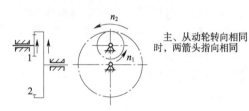

主、从动轮转向相同时，两箭头指向相同

b) 圆柱齿轮啮合—内啮合

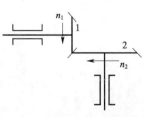

两箭头指向相背或相向啮合点

c) 锥齿轮啮合传动

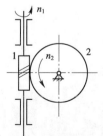

两箭头指向规定标注

d) 蜗杆啮合传动

图 3-80 转向判别

（2）对于轮系中各齿轮轴线相互平行时，其任意级从动轮的转向可以通过在图上依次画箭头来确定，也可以数外啮合齿轮的对数来确定，若齿轮的啮合对数是偶数，则首轮与末轮的转向相同；若为奇数，则转向相反，如图3-81所示。

（3）轮系中含有圆锥齿轮、蜗轮蜗杆、齿轮齿条，只能用画直箭头的方法确定各轮转向。如图3-82所示。

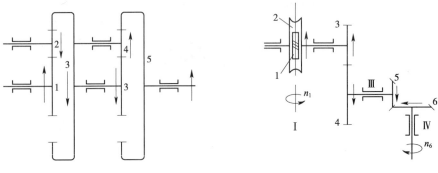

图3-81　方向判别　　　　　　　图3-82　蜗轮蜗杆方向判别

2. 传动比计算

轮系的传动比等于首轮与末轮的转速之比，也等于轮系中所有从动齿轮齿数的连乘积与所有主动齿轮齿数的连乘积之比。一对外啮合圆柱齿轮传动，两轮转向相反，其传动比规定为负；一对内啮合圆柱齿轮，两轮转向相同，其传动比规定为正。

定轴轮系的传动比等于组成该轮系的各对齿轮传动比的连乘积，也等于轮系中所有从动齿轮齿数的连乘积与所有主动齿轮齿数的连乘积之比，如式(3-10)所示。

$$i_{总}=i_1k=(-1)^m\frac{各级齿轮副中从动齿轮齿数的连乘积}{各级齿轮副中主动齿轮齿数的连乘积} \quad (3-10)$$

式中：m——外啮合齿轮的对数。

$(-1)^m$ 在计算中表示轮系首末两轮回转方向的异同。计算结果为正，两轮回转方向相同；结果为负，两轮回转方向相反。

注意：在应用上式计算定轴轮系的传动比时，若轮系中有圆锥齿轮、蜗杆蜗轮机构，传动比的大小仍可用上式计算，而各轮的转向只能用画箭头的方法在图中表示清楚。

例3-2　如图3-83所示轮系，已知各齿轮齿数及n_1转向，求i_{19}和判定n_9转向。

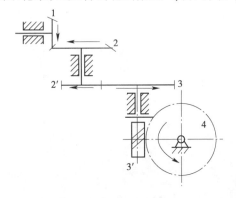

图3-83　蜗轮蜗杆

解:因为轮系传动比 i 总等于各级齿轮副传动比的连乘积,所以

$$i_{19} = i_{12}i_{23}i_{45}i_{67}i_{89} = (-z_2/z_1)(-z_3/z_2)(z_5/z_4)(-z_7/z_6)(-z_9/z_8)$$

即

$$i_{19} = (-1)^m (z_2/z_1)(z_3/z_2)(z_5/z_4)(z_7/z_6)(z_9/z_8)$$

i 总为正值,表示定轴轮系中主动齿轮 1 与定轴轮系中末端轮 9 转向相同。转向也可以通过画箭头的方法直接在图中标出来。

3. 惰轮的应用

在轮系中既是从动轮又是主动轮,对总传动比毫无影响,但却起到了改变齿轮副中从动轮回转方向的作用,这样的齿轮称为惰轮,如图 3-84 所示。惰轮常用于传动距离稍远和需要改变转向的场合。

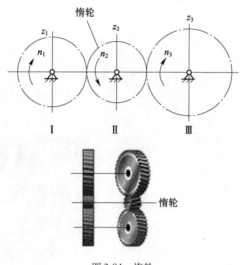

图 3-84 惰轮

四、轮系的应用特点

1. 轮系的特点

(1)可以获得很大的传动比。很多机械要求有很大的传动比。例如,机床中的电动机转速很高,而主轴的转速要求很低才能满足切削要求,一对齿轮的传动比只能达到 3~6,若采用轮系就可以达到很大的传动比。

(2)可以做较远距离的传动。当两轴中心距较远时,若仅用一对齿轮传动,势必将齿轮做得很大,结构不合理,而采用轮系传动则结构紧凑、合理。

(3)可以实现变速、变向的要求。一般机器为了适应各种工作需要,多采用轮系组成各种机构,将转速分为多级进行变换,并能改变转动方向。

(4)可以合成或分解运动。采用周转轮系可以将两个独立运动合成一个运动,或将一个运动分解为两个独立运动。

2. 轮系的应用

轮系传动可以实现很大的传动比,如航空发动机的减速器。轮系可做较远距离传动,且可实现变速、换向要求。采用轮系组成各种机构,将运转速度分为若干等级进行变换,

同时可实现运转方向的变换。如图 3-85 所示为车床变速箱,由床头箱上的手柄分别控制滑移齿轮 a、b 的位置,使主轴得到多极转速。

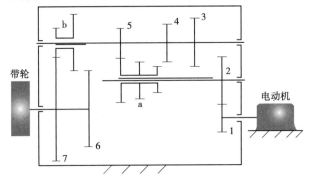

图 3-85　车床变速箱

轮系可合成或分解运动。例如汽车后桥差速器(图 3-86)。传动轴驱动齿轮 5 转动,圆锥齿轮 5 与 4 啮合,齿轮 2 为行星轮,其轴线由齿轮 4 上固定的行星架支撑,齿轮 2 同时与齿轮 1、3 运动,齿轮 1、3 分别于左、右车轮连接。当汽车直向前运动时,左轮、右轮转速相同,行星轮 2 不转动;当汽车转弯时,要求左、右轮转速不等,行星轮 2 转动,将传动轴的单一转速分解为不同的转速。

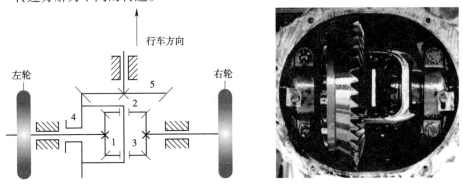

图 3-86　汽车后桥差速器

第四章 常用机构

> **学习目标**
> 1. 掌握平面连杆机构；
> 2. 掌握凸轮机构；
> 3. 了解其他常见机构（变速机构、换向机构、间歇机构等）。

机械一般由若干常用机构组成。组成机构的所有构件都在同一平面或平行平面中运动，则称该机构为平面机构。组成机构的某些构件的运动是非平行平面的空间运动，则称该机构为空间机构。

本章讲述平面连杆机构、凸轮机构及其他常用机构变速机构变速机构、换向机构、间歇机构等。

当从动件的位移、速度、加速度须严格按照预定规律运动时常应用凸轮机构。在机械装置中，尤其是在自动控制机械中，凸轮机构的应用极为广泛。

第一节 平面连杆机构

一、平面连杆机构的特点

平面连杆机构是由一些刚性构件用低副（转动副和移动副）相互连接而组成的，在同一平面或相互平行的平面内运动的机构。平面连杆机构的作用是实现某些较为复杂的平面运动，在生产和生活中广泛用于传递动力或改变运动形式。

平面连杆机构的优点有：运动可塑性强（任意构件可以为原动构件或执行构件）；传力压强小，磨损少，易保持制造精度；易实现转动、摆动和移动等基本运动形式及其相互转换；能实现多种运动轨迹和运动规律等。

四杆机构是最常用的平面连杆机构，具有四个构件（包括机架）的低副机构。

平面铰链四杆机构是构件间用四个转动副相连的平面四杆机构，简称铰链四杆机构。

二、铰链四杆机构的组成与分类

1. 四杆机构的组成

铰链四杆机构是由转动副联结起来的封闭系统。如图 4-1 所示,被固定的杆 4 被称为机架;不直接与机架相连的杆 2 称之为连杆;与机架相连的杆 1 和杆 3 称之为连架。

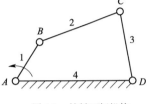

图 4-1　铰链四杆机构

凡是能做整周回转的连架杆称之为曲柄;只能在小于 360°的范围内做往复摆动的连架杆称之为摇杆。

2. 四杆机构的类型

铰链四杆机构根据其两个连架杆的运动形式不同,可以分为曲柄摇杆机构、双曲柄机构和双摇杆机构三种基本形式。

(1)曲柄摇杆机构。

如图 4-2 所示,在铰链四杆机构中的两连架杆,如果一个为曲柄,另一个为摇杆,那么该机构就称为曲柄摇杆机构。取曲柄 AB 为主动件,当曲柄 AB 作连续等速整周转动时,从动摇杆 CD 将在一定角度内做往复摆动。由此可见,曲柄摇杆机构能将主动件的整周回转运动转换成从动件的往复摆动。例如,剪刀机是通过原动机驱动曲柄转动,再通过连杆带动摇杆往复运动,实现剪切工作。

曲柄摇杆机构可应用来调整雷达天线俯仰角度。实现汽车前窗刮雨器的刮雨动作等。

在曲柄摇杆机构中,当摇杆为主动件时,可将摇杆的往复摆动经连杆转换为曲柄的连续旋转运动。在生产中应用很广泛。例如缝纫机的踏板机构,当脚踏板(相当于摇杆)做往复摆动时,通过连杆带动曲轴(相当于曲柄)做连续运动,使缝纫机实现缝纫工作。

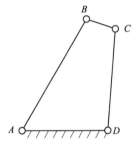

图 4-2　任意铰链四杆机构

(2)双曲柄机构。

如图 4-2 所示,在铰链四杆机构中,若两个连架杆均为曲柄,则该机构称为双曲柄机构。两曲柄可分别为主动件。惯性筛就是利用从动曲柄的变速转动,使筛子具有一定的加速度,筛面上的物料由于惯性来回抖动,达到筛分物料的目的。

双曲柄机构中,当两曲柄长度不相等时,主动曲柄做等速转动,从动曲柄随之作变速转动,即从动曲柄在每一周中的角速度有时大于、有时小于主动曲柄的角速度。双曲柄机构中,常见的还有平行双曲柄机构和反向双曲柄机构。

双曲柄机构中,若两个曲柄的长度相等,且机架与连架杆的长度相等,这种双曲柄机构称为平行双曲柄机构。

蒸汽机车轮联动机构是平行双曲柄机构的应用实例。当双曲柄和机架共线时,平行双曲柄机构可能由于受某些偶然因素的影响使两个曲柄反向回转。机车车轮联动机构采用三个曲柄的目的就是为了防止其反转。

当双曲柄机构对边相等,但互不平行时,其为反向双曲柄机构。反向双曲柄的旋转方向相反,且角速度也不相等。例如,车门启闭机构中,当主动曲柄转动时,通过连杆使从动曲柄朝反向转过,从而保证两扇车门能同时开启和关闭。

（3）双摇杆机构。

如图4-2所示，铰链四杆机构的两个连架杆都在小于360°的角度内做摆动，这种机构称为双摇杆机构。

在铰链四杆机构中，若两个连架杆均为摇杆时，则该机构称为双摇杆机构。双摇杆机构中，两杆均可作为主动件。主动摇杆往复摆动时，通过连杆带动从动摇杆往复摆动。

双摇杆机构在机械工程上应用也不少，汽车离合器操纵机构中，当驾驶员踩下踏板时，主动摇杆往右摆动，由连杆带动从动杆也向右摆动，从而对离合器产生作用。

三、铰链四杆机构的基本性质

1. 曲柄存在的条件

在铰链四杆机构中，能作整周回转的连架杆称为曲柄。曲柄的存在取决于机构中各杆的长度关系，即要使连架杆能做整周转动而成为曲柄，各杆长度必须满足一定的条件，这就是所谓的曲柄存在的条件。

可将铰链四杆机构曲柄存在的条件概括为：

（1）连架杆与机架中必有一个是最短杆；

（2）最短杆与最长杆长度之和必小于或等于其余两杆长度之和。

上述两条件必须同时满足，否则机构中无曲柄存在。根据曲柄条件，还可做如下推论：

（1）若铰链四杆机构中最短杆与最长杆长度之和小于或等于其余两杆长度之和，则可能有以下几种情况：

①以最短杆的相邻杆作机架时，为曲柄摇杆机构；

②以最短杆为机架时，为双曲柄机构；

③以最短杆的相对杆为机架时，为双摇杆机构。

（2）若铰链四杆机构中最短杆与最长杆长度之和大于其余两杆长度之和，则不论以哪一杆为机架，均为双摇杆机构。

2. 急回特性

极位夹角指摇杆在 C_1D、C_2D 两极限位置时，曲柄与连杆共线，对应两位置所夹的锐角，用 θ 表示，如图4-3所示。

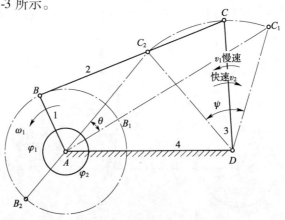

图4-3 曲柄摇杆机构

急回特性指空回行程时的平均速度大于工作行程时的平均速度的特性。
机构的急回特性可用行程速比系数 K 表示。

$$K = \frac{\overline{v_2}}{\overline{v_1}} = \frac{t_1}{t_2} = \frac{180° + \theta}{180° - \theta}$$

极位夹角 θ 越大,机构的急回特性越明显。

曲柄摇杆机构中,当曲柄 AB 沿顺时针方向以等角速度 ω 转过 ϕ_1 时,摇杆 CD 自左极限位置 C_1D 摆至右极位置 C_2D,设所需时间为 t_1,C 点的平均速度为 V_1;而当曲柄 AB 再继续转过 ϕ_2 时,摇杆 CD 自 C_2D 摆回至 C_1D,设所需的时间为 t_2,C 点的平均速度为 V_2。由于 $\phi_1 > \phi_2$,所以 $t_1 > t_2$,$V_2 > V_1$。由此说明:曲柄 AB 虽做等速转动,而摇杆 CD 空回行程的平均速度却大于工作行程的平均速度,这种性质称为机构的急回特性。

摇杆 CD 的两个极限位置间的夹角 ψ 称为摇杆的最大摆角;主动曲柄在摇杆处于两个极限位置时所夹的锐角 θ 称为极位夹角。

在某些机械中(如牛头刨床、插床或惯性筛等),常利用机械的急回特性来缩短空回行程的时间,以提高生产率。

行程速比系数 K:从动件空回行程平均速度 V_2 与从动件工作行程平均速度 V_1 的比值。K 值的大小反映了机构的急回特性,K 值愈大,回程速度愈快。

$$K = V_2/V_1$$
$$= \frac{(C_2C_1/t_2)}{(C_1C_2/t_1)}$$
$$= \frac{(180° + \theta)}{(180° - \theta)}$$

由上式可知,K 与 θ 有关。当 $\theta = 0$ 时,$K = 1$,说明该机构无急回特性;当 $\theta > 0$ 时,$K > 1$,则机构具有急回特性。

3. 死点位置

在曲柄摇杆机构中(如图 4-4 所示),若取摇杆为主动件,当摇杆在两极限位置时,连杆与曲柄共线,通过连杆加于曲柄的力 F 经过铰链中心 A,该力对 A 点的力矩为零,故不能推动曲柄转动,从而使整个机构处于静止状态。这种位置称为死点。

平面四杆机构是否存在死点位置,取决于从动件是否与连杆共线。凡是从动件与连杆共线的位置都是死点。

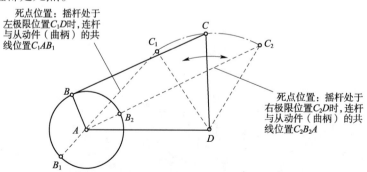

图 4-4 曲柄摇杆机构的死点位置

对机构传递运动来说,死点是有害的,因为死点位置常使机构从动件无法运动或出现运动不确定现象。如上图 4-4 所示的曲柄摇杆机构,当踏板 CD 为主动件并做往复摆动时,机构在 B_1、B_2 两处有可能出现死点位置,致使曲柄 AB 不转或出现倒转现象。为了保证机构正常运转,可在曲柄轴上装飞轮,利用其惯性作用使机构顺利地通过死点位置。

在工程上,有时也利用死点进行工作。如图 4-5 所示的铰链四杆机构中,就是应用死点的性质来夹紧工件的一个实例。当夹具通过手柄 1 施加外力 F 使铰链的中心 B、C、D 处于同一条直线上时,工件 2 被夹紧,此时如将外力 F 去掉,也仍能可靠地夹紧工件;当需要松开工件时,则必须向上扳动手柄 1,才能松开夹紧的工件。

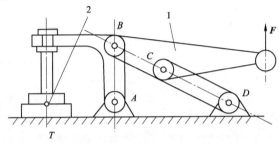

图 4-5　铰链四杆机构的死点应用
1-手柄;2-工件

第二节　凸轮机构

一、凸轮机构概述

凸轮机构由凸轮、从动件和机架组成(图 4-6)。凸轮是主动件,从动件的运动规律由凸轮轮廓决定。凸轮机构是机械工程中广泛应用的一种高副机构。

凸轮机构常用于低速、轻载的自动机或自动机的控制机构。

图 4-7 所示为汽车内燃机的配气机构,当凸轮 1 转动时,依靠凸轮的轮廓,可以迫使从动件气阀 2 向下移动打开气门(借助弹簧的作用力关闭),这样就可以按预定时间打开或关闭气门,以完成内燃机的配气动作。

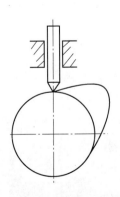 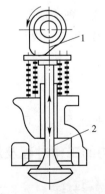

图 4-6　凸轮机构　　　　图 4-7　汽车内燃机配汽机构
　　　　　　　　　　　　　1-凸轮;2-动件气阀

凸轮机构可以将主动件凸轮的等速连续转动变换为从动件的往复直线运动或绕某定点的摆动,并依靠凸轮轮廓曲线准确地实现所要求的运动规律。

凸轮机构的优点是:只要正确地设计凸轮轮廓曲线,就可以使从动件实现任意给定的运动规律,且结构简单、紧凑,工作可靠。

凸轮机构的缺点是:凸轮与从动件之间为点或线接触,不易润滑,容易磨损。

因此,凸轮机构多用于传力不大的控制机构和调节机构。

二、凸轮机构的分类与特点

1. 凸轮机构的分类

(1)按凸轮的形状。

①盘形凸轮,也叫平板凸轮。这种凸轮是一个径向尺寸变化的盘形构件,当凸轮绕固定轴转动时,可使从动件在垂直于凸轮轴的平面内运动。

②移动凸轮。当盘形凸轮的径向尺寸变得无穷大时,其转轴也将在无穷远处,这时凸轮将作直线移动。通常称这种凸轮为移动凸轮。

③圆柱凸轮。凸轮为一圆柱体,它可以看成是由移动凸轮卷曲而成的。曲线轮廓可以开在圆柱体的端面,也可以在圆柱面上开出曲线凹槽。

(2)按从动件的形式。

①尖顶从动件。结构最简单,而且尖顶能与较复杂形状的凸轮轮廓相接触,从而实现较复杂的运动,但因尖顶极易磨损,故只适用于轻载、低速的凸轮机构和仪表中。

②滚子从动件。在从动件的一端装有一个可自由转动的滚子。由于滚子与凸轮轮廓之间为滚动摩擦,故磨损较小,改善了工作条件。因此,可用来传递较大的动力,应用也最广泛。

③平底从动件。从动件一端做成平底(即平面),在凸轮轮廓与从动件底面之间易形成油膜,故润滑条件较好、磨损小。当不计摩擦时,凸轮对从动件的作用力始终与平底垂直,传力性能较好,传动效率较高,所以常用于高速凸轮机构中。但由于从动件为一平底,故不适用于带有内凹轮廓的凸轮机构。

2. 凸轮机构的特点

(1)便于准确地实现给定的运动规律;

(2)结构简单紧凑,易于设计;

(3)凸轮机构可以高速起动,动作准确可靠;

(4)凸轮与从动件为高副接触,不便润滑,易磨损,为延长使用寿命,传递动力不宜过大;

(5)凸轮轮廓曲线不易加工。

三、凸轮机构的工作过程及从动件运动规律

1. 凸轮机构工作过程

凸轮机构中最常用的运动形式为凸轮做等速回转运动、从动件做往复移动。凸轮回转时,从动件做"升→停→降→停"的运动循环。如图 4-8 所示。

第四章 常用机构

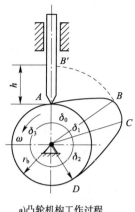 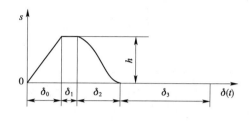

a) 凸轮机构工作过程　　　　b) 凸轮机构位移线图

图 4-8　凸轮机构工作过程及从动件运动规律

(1) 基圆：以凸轮轮廓最小半径 r_b 所作的圆。
(2) 推程：从动件经过轮廓 AB 段，从动件被推到最高位置。
(3) 推程角：角 δ_0。
(4) 回程：经过轮廓 CD 段，从动件由最高位置回到最低位置。
(5) 回程角：角 δ_2。
(6) 远停程角：角 δ_1。
(7) 近停程角：角 δ_3。

2. 从动件的运动规律

(1) 等速运动规律。

当凸轮作等角速度旋转时，从动件上升或下降的速度为一常数，这种运动规律称为等速运动规律。

①位移曲线（$S-\delta$ 曲线）。

如图 4-9 所示，若从动件在整个升程中的总位移为 h，凸轮上对应的升程角为 δ_0，那么由运动学可知，在等速运动中，从动件的位移 S 与时间 t 的关系为

$$S = v \cdot t$$

凸轮转角 δ 与时间 t 的关系为

$$\delta = \omega \cdot t$$

则从动件的位移 S 与凸轮转角 δ 之间的关系为

$$S = \frac{v}{w} \cdot \delta$$

v 和 ω 都是常数，所以位移和转角成正比关系。

因此，从动件做等速运动的位移曲线是一条向上的斜直线。

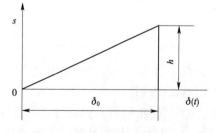

图 4-9　等速运动时位移曲线

从动件在回程时的位移曲线则与图 4-9 相反，是一条向下的斜直线。

②等速运动凸轮机构的工作特点。

由于从动件在推程和回程中的速度不变,加速度为零,故运动平稳;但在运动开始和终止时,从动件的速度从零突然增大到 v 或由 v 突然减小为零,此时,理论上的加速度为无穷大,从动件将产生很大的惯性力,使凸轮机构受到很大冲击,这种冲击称刚性冲击。随着凸轮的不断转动,从动件对凸轮机构将产生连续的周期性冲击,引起强烈振动,对凸轮机构的工作十分不利。因此,这种凸轮机构一般只适用于低速转动和从动件质量不大的场合。

(2)等加速、等减速运动规律。

当凸轮做等角速度旋转时,从动件在升程(或回程)的前半程作等加速运动,后半程做等减速运动。这种运动规律称为等加速等减速运动规律,如图4-10所示。

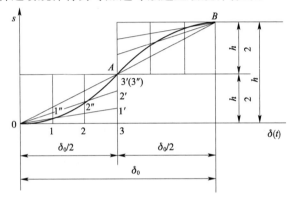

图4-10　等加速等减速运动规律位移曲线

①位移曲线($S-\delta$ 曲线)。

由运动学可知,当物体做初速度为零的等加速度直线运动时,物体的位移方程为

$$s = \frac{1}{2}at^2$$

在凸轮机构中,凸轮按等角速度 ω 旋转,凸轮转角 δ 与时间 t 之间的关系为

$$t = \frac{\delta}{\omega}$$

从动件的位移 S 与凸轮转角 δ 之间的关系为

$$s = \frac{a}{2\omega^2}\delta^2$$

式中 a 和 ω 都是常数,位移 s 和转角 δ 成二次函数的关系,从动件做等加速等减速运动的位移曲线是抛物线。因此,从动件在推程和回程中的位移曲线是由两段曲率方向相反的抛物线连成。

②等加速等减速运动凸轮机构的工作特点。

从动件按等加速等减速规律运动时,速度由零逐渐增至最大,而后又逐步减小趋近零,这样就避免了刚性冲击,提高了凸轮机构的工作平稳性。因此,这种凸轮机构适合在中、低速条件下工作。

当从动件运动规律选定后,即可根据该运动规律和其他给定条件(如凸轮转向、基圆半径等)确定凸轮的轮廓曲线。确定凸轮轮廓曲线的方法有图解法和解析法。图解法的

特点是简便、直观,但不够精确,不过其准确度已足以满足一般机器的工作要求。

3. 凸轮机构轮廓曲线的画法

(1)"反转法"作图方法。

凸轮轮廓曲线作图的方法是"反转法"(图4-11)。为了作图方便,可以假设凸轮在图纸上不转动,而是从动件的位置按相反于凸轮的旋转方向转动,并以此方向作图,这就是"反转法"。这种方法的优点是容易作图。

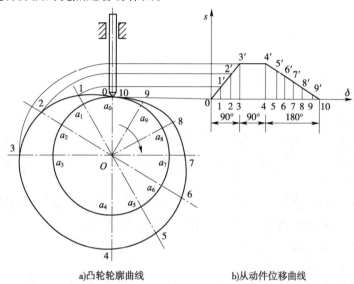

a)凸轮轮廓曲线　　　　　　b)从动件位移曲线

图4-11　反转法作凸轮轮廓曲线

(2)轮廓曲线画法步骤。

①选取适当的比例尺,根据从动件的运动规律绘制$s-\theta$曲线。将推程角和回程角等分,本题取每份30°,得1、2、3、4、5、6、7点。从每个分割点作垂直线交$s-\theta$曲线于1′、2′、3′、4′、5′、6′、7′点。当然,分割的份数越多,凸轮轮廓曲线越精确。

②选取与$s-\theta$曲线一样的比例尺,以r_b为半径画出基圆。自OA_0开始沿逆时针方向依次量取推程角、远休止角、回程角和近休止角,并按照$s-\theta$曲线的分割分数将推程角和回程角对应地进行分割,角度分割线交基圆于A_1、A_2、A_3、A_4、A_5、A_6、A_7点。在角度分隔线上依次量取$A_1A_1' = 11'$、$A_2A_2' = 22'$、$A_3A_3' = 33'$…

③用光滑曲线依次连接A_0、A_1'、A_3'、A_4'、A_5'、A_6'、A_7各点,即得到要求的凸轮轮廓曲线、在A_0点处画出推杆和导路。

第三节　其他常用机构

一、变速机构

变速机构是指在输入转速不变的条件下,使从动轮(轴)得到不同转速的传动装置。例如,机床主轴的变速传动系统是将动力源(主电动机)的恒定转速通过变速箱变换为主轴的多级转速。

机床、汽车和其他机械上常用的变速机构有滑移齿轮变速机构、塔齿轮变速机构、倍增变速机构和拉键变速机构等。但无论哪一种变速机构,都是通过改变一对齿轮传动比大小来改变从动轮(轴)的转速。

1. 有级变速机构

有级变速机构指在输入转速不变的条件下,使输出轴获得一定的转速级数的机构。

有级变速机构分类有:

①滑移齿轮变速机构;

②塔齿轮变速机构;

③倍增速变速机构;

④拉键变速机构。

有级变速机构可实现在一定转速范围内的分级变速,具有变速可靠、传动比准确、结构紧凑等优点,但高速回转时不够平稳,变速时有噪声。

2. 无级变速机构

无级变速机构指依靠摩擦来传递转矩,适量地改变主动件和从动件的转动半径,使输出轴的转速在一定的范围内无级变化的机构。

无级变速机构分类有:

①滚子平盘式无级变速机构;

②锥轮—端面盘式无级变速机构;

③分离锥轮式无级变速机构。

机械无级变速机构的变速范围和传动比在实际使用中均限制在一定范围内,不能随意扩大。由于采用摩擦传动,因此不能保证准确的传动比。

二、换向机构

换向机构即在输入轴转向不变的条件下,可改变输出轴转向的机构,如图 4-12 所示。

1. 三星齿轮变向机构

如图 4-12a)所示,三星齿轮变向机构由 z_1、z_2、z_3 和 z_4 四个齿轮,以及三角形杠杆架组成。z_1 和 z_4 两齿轮用键装在位置固定的轴上,并可与轴一起转动;z_2 和 z_3 两齿轮空套在三角形杠杆架的轴上,杠杆架通过搬动手柄可绕齿轮 z_4 轴心转动。在图 4-12a)所示位置,齿轮 z_1 通过齿轮 z_3 带动齿轮 z_4,使齿轮 z_4 按一定方向旋转,齿轮 z_2 空转。若手柄向下搬动,这时 z_1 和 z_3 两齿轮脱开啮合,z_1 和 z_2 进入啮合,这样齿轮 z_1 通过齿轮 z_2 和 z_3 带动齿轮 z_4,由于多了一个中间齿轮 z_2,当齿轮 z_1 的旋转方向不变,齿轮 z_4 的旋转方向就改变了。

2. 滑移齿轮变向机构

图 4-12b)所示为滑移齿轮变向机构。由 z_1、z_2、z_3、z_4 和中间齿轮 z 组成;z_1 和 z_3 为二联滑移齿轮,用导向键或花键与轴连接。z_2 和 z_4 固定在轴上。在图 4-12b)所示位置,当齿轮 z_1 的转动通过中间齿轮 z 带动齿轮 z_2 转动时,则齿轮 z_1 和 z_2 的旋转方向相同。

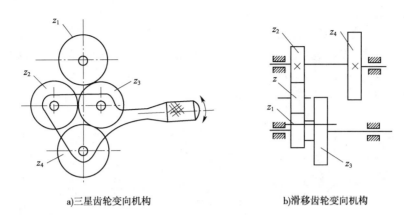

a) 三星齿轮变向机构　　b) 滑移齿轮变向机构

图 4-12　常见换向机构

当二联齿轮 z_1 和 z_3 向右移动时，使齿轮 z_1 与中间齿轮 z 脱开啮合，齿轮 z_3 和 z_4 进入啮合。因为少了一个中间齿轮在该变向机构中，所以齿轮 z_3 和 z_4 的旋转方向相反。

3. 圆锥齿轮变向机构

图 4-13 所示为圆锥齿轮变向机构。

在图 4-13a) 中，两个端面带有爪形齿的圆锥齿轮 z_2 和 z_3，空套在水平轴上，这两个圆锥齿轮能与同轴上可滑移的双向爪形离合器啮合或分离。双向爪形离合器和水平轴用键连接。另一个圆锥齿轮 z_1 固定在垂直轴上。当圆锥齿轮 z_1 旋转时，带动水平轴上两个圆锥齿轮 z_2 和 z_3 同时以相反的方向在轴上空转。如果双向离合器向左移动，与左面圆锥齿轮 z_2 上的端面爪形齿啮合，那么运动将由左面的圆锥齿轮 z_2 通过双向离合器传给水平轴；若双向离合器向右移动，与圆锥齿轮 z_3 端面爪形齿啮合，那么运动将由圆锥齿轮 z_3 通过双向离合器传给水平轴，且旋转方向相反。

图 4-13b) 所示为滑移齿轮式变向机构。通过水平轴上的滑移齿轮，使左或右齿轮与主动轮分别啮合，水平轴可得到转向相反的转动。

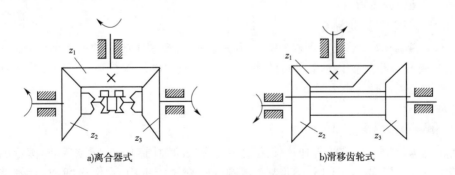

a) 离合器式　　b) 滑移齿轮式

图 4-13　圆锥齿轮变向机构

三、间歇机构

间歇机构—能够将主动件的连续运动转换成从动件有规律的周期性运动或停歇。

1. 棘轮机构

棘轮机构的类型很多，按照工作原理可分为齿啮式和摩擦式，按结构特点可分为外接式和内接式。常用的棘轮机构有单动式棘轮机构（图4-14a）、双动式棘轮机构（图4-14b）、可变向棘轮机构（图4-14c）。

上述棘轮机构，都是外啮合式，另外还有内啮合式，如自行车后轴上的飞轮。

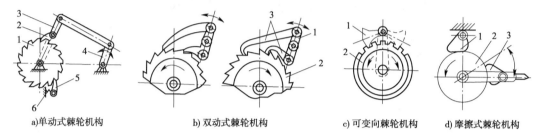

a) 单动式棘轮机构　　b) 双动式棘轮机构　　c) 可变向棘轮机构　　d) 摩擦式棘轮机构

图4-14　典型的棘轮机构

1-棘轮；2-棘爪；3-摇杆；4-曲柄；5-止回棘爪；6-弹簧

（1）齿式棘轮机构的工作原理、常见类型及特点。

典型的棘轮机构（图4-14）是由棘轮、棘爪、机架以及止回棘爪等组成。弹簧使止回棘爪和棘轮始终保持接触。当曲柄连续转动时，摇杆做往复摆动。当摇杆逆时针摆动时，棘爪便嵌入棘轮的齿槽中，棘爪被推动向逆时针方向转过一个角度；当摇杆顺时针摆动时，棘爪便在棘轮齿背上滑过，这时止回棘爪阻止棘轮顺时针转动，故棘轮静止不动。因此，当摇杆做连续摆动时，棘轮就作单向的间歇运动。

（2）齿式棘轮机构转角的调节。

棘轮的转角 θ 大小与棘爪每往复一次推过的齿数 k 有关，如下

$$\theta = 360° \times \frac{k}{z}$$

式中：k——棘爪每往复一次推动的齿数；

z——棘轮的齿数。

（3）摩擦式棘轮机构简介。

如图4-14d）所示，靠偏心楔块（棘爪）和棘轮间的楔紧所产生的摩擦力来传递运动。其特点是：转角大小的变化不受轮齿的限制，在一定范围内可任意调节转角，传动噪声小，但在传递较大载荷时易产生滑动。

2. 槽轮机构

（1）槽轮机构的组成和工作原理。

槽轮机构能把主动轴的等速连续运动转变为从动轴周期性的间歇运动，槽轮机构常用于转位或分度机构。图4-15所示为一单圆外啮合槽轮机构，它由带圆销的主动拨盘、具有径向槽的从动槽轮和机架等组成。槽轮机构工作时，拨盘为主动件并以等角速度连续回转，从动槽轮作时转时停的间歇运动。

当圆销未进入槽轮的径向槽时，由于槽轮的内凹锁止弧被拨盘的外凸圆弧卡住，故槽轮静止不动。图4-15a）所示为圆销刚开始进入槽轮径向槽的位置。这时锁止弧刚好被松开，随后槽轮受圆销的驱使而沿反向转动。当圆销开始脱出槽轮的径向槽时（图4-15b），

槽轮的另一内凹锁止弧又被曲柄的外凸圆弧卡住,致使槽轮又静止不动,直到曲柄上的圆销进入下一径向槽时,才能重复上述运动。拨盘每转一周,槽轮转过两个角度。

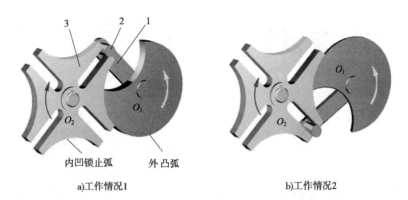

a)工作情况1　　　　　　　　b)工作情况2

图 4-15　槽轮机构的工作原理
1-主动拨盘；2-圆销；3-从动槽轮

（2）槽轮机构类型和特点。

槽轮机构类型有：

①单圆销外槽轮机构；

②双圆销外槽轮机构；

③内啮合槽轮机构。

槽轮机构结构简单,转位方便,工作可靠,传动的平稳性好,能准确控制槽轮的转角。但该机构转角的大小受到槽数 z 的限制,不能调节；且在槽轮转动的始末位置处存在冲击,随着转速的增加或槽轮槽数的减少而加剧,故不适用于高速。

第五章　液压传动

> **学习目标**
> 1. 理解液压传动系统的压力与流量；
> 2. 理解简单液压系统回路分析；
> 3. 掌握液压传动的基本原理及组成；
> 4. 掌握液压元件的分类、基本结构、基本工作原理、应用特点和图形符号；
> 5. 掌握液压系统基本回路的应用。

　　液压传动是根据17世纪法国物理学家帕斯卡提出的液体静压力传动原理发展起来的一门技术。与其他传动方式相比，液压传动具有许多独特的优点，因此在机械设备中得到广泛的应用。有的液压传动设备是利用其能传递的力（力矩）大，功率质量比小的优点，如工程机械、矿山机械、冶炼机械等；有的是利用它动作稳定、操纵控制方便，能较容易的实现无级变速、自动工作循环的优点，如各类金属切割机床、轻工机械、运输机械、军工机械等。

　　由于液压传动是以液体作为工作介质，液体的泄漏和可压缩性都会影响传动的准确性，因此液压传动系统无法保证准确的传动比；工作介质对环境的温度、污染比较敏感，要求液压传送系统有较好的工作环境；在工作中能量损失（泄露损失、溢流损失、节流损失、摩擦损失等）较大，传动效率较低，不适宜作远距离传动；液压元件的制造和装配精度要求较高，其制造成本一般较高；此外，液压设备的故障具有隐蔽性的特点，系统出现故障时，不易查找原因，因此，要求维修人员具有较高的技术水平。

　　随着技术的发展，液压传动的上述缺点被逐渐克服，其优点被进一步发扬。特别是近年来，随着机电一体化技术的发展，液压技术向更广阔的领域发展，已经成为包括传动、控制、检测在内的一门完整的自动控制技术。它是实现工业自动化的一种重要手段，具有广阔的发展前景，也成为一个国家或企业技术水平高低的标志。

第一节 液压传动的基本原理及组成

一、液压传动的基本原理

图 5-1 是常见的液压千斤顶的工作原理图。它由手动柱塞泵、液压缸以及管路、管接头等构成一个密封的连通器,其间充满着油液。关闭放油阀 8,向上提起杠杆手柄 1,活塞 3 随之上升,油腔 4 密封容积增大,产生局部真空,油箱 6 中的油液在大气压作用下,推开单向阀 5 中的钢球并通过吸油管道进入油腔 4,实现吸油(图 5-1b);当杠杆手柄 1 下压时,活塞 3 随之下移,油腔 4 密封容积减小,油液受到外力挤压产生压力,单向阀 5 关闭,单向阀 7 的钢球被顶开,油液压入油腔 10,实现压油(图 5-1c)。活塞 11 和重物被推动上移。反复提压杠杆手柄 1,能不断地实现吸油和压油,压力油将不断被压入油腔 10,使活塞和重物不断上移,达到起重的目的。若将放油阀 8 旋转 90°,油腔中的油液在重物 G 的作用下,流回油箱,活塞 11 下降并恢复到原位。

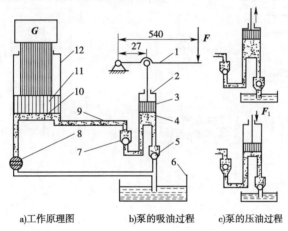

a)工作原理图　　b)泵的吸油过程　　c)泵的压油过程

图 5-1　液压千斤顶的工作原理图

1-杠杆手柄;2-泵体;3、11-活塞;4、10-油腔;5、7-单向阀;6-油箱;8-放油阀;9-管路;10-油腔;11-活塞;12-大油缸

通过对液压千斤顶工作过程的分析可知,液压传动的工作原理是以油液作为工作介质,依靠密封容积的变化来传递运动,依靠油液内部的压力来传递动力。液压传动装置实质上是一种能量转换装置,即实现"机械能→液压能→机械能"的能量转换。

二、液压传动系统的组成

由上例可知,一般液压传动系统除油液外,应由下列几个部分组成(以图 5-1 为例)。

1. 动力部分(液压泵)

将输入的机械能转换为液压能,是系统的能源。如 1、2、3、5、7 组成的手动柱塞泵。

2. 执行部分(液压缸或液压马达)

将液压能转换为机械能,输出直线运动或旋转运动。如 11、12 组成的液压缸。

3. 控制部分（控制阀）

控制液体压力、流量和方向。如各种压力阀、流量阀和换向阀。

4. 辅助部分（油箱、管路等）

输送液体、储存液体、过滤液体、密封等，以保证液压系统正常工作所必需的部分。如油箱、油管、管接头、滤油器等。

三、液压元件的图形符号

图 5-2a）为磨床工作台液压系统工作原理图，称为结构简图，这种图直观性强，较易理解，但图形复杂，难以绘制。为了简化液压系统图的绘制，世界各国都制定了一整套液压元件的图形符号，我国也制定了液压系统图形符号（GB/T786.1—2001）。图 5-2b）为用我国图形符号绘制的工作原理图，显然图形符号绘制方便，图面清晰简洁。

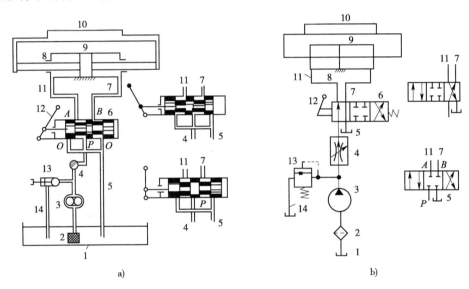

图 5-2　磨床工作台液压系统

1-油箱；2-滤油器；3-液压泵；4-节流阀；5、7、11、14-油管；6-换向阀；8、9-活塞；10-工作台；12-换向手柄；13-溢流阀；14-过滤器

四、液压传动的应用特点

液压传动的应用特点有：

(1) 易于获得很大的力和力矩；

(2) 调速范围大，易实现无级调速；

(3) 质量轻，体积小，动作灵敏；

(4) 传动平稳，易于频繁换向；

(5) 易于实现过载保护；

(6) 便于采用电液联合控制以实现自动化；

(7) 液压元件能够自动润滑，元件的使用寿命长；

(8) 液压元件易于实现系列化、标准化、通用化；

(9)传动效率较低;

(10)液压系统产生故障时,不易找到原因,维修困难;

(11)为减少泄漏,液压元件的制造精度要求较高。

第二节 液压传动系统的压力与流量

一、压力的形成及传递

1. 压力的概念

油液的压力是由油液的自重和油液受到外力作用所产生的。

压强指油液单位面积上承受的作用力,在工程中习惯称为压力。

2. 液压系统压力的建立

如图5-3所示,活塞被压力油推动的条件

$$p \geq \frac{F}{A}$$

3. 液压系统及元件的公称压力

额定压力——液压系统及元件在正常工作条件下,按试验标准连续运转的最高工作压力。

过载——工作压力超过额定压力。

额定压力应符合公称压力系列。

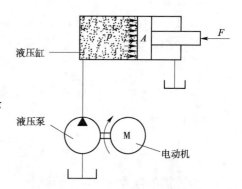

图5-3 液压传动系统压力的建立

4. 静压传递原理(帕斯卡原理)

(1)静止油液中任意一点所受到的各个方向的压力都相等,这个压力称为静压力;

(2)油液静压力的作用方向总是垂直指向承压表面;

(3)密闭容器内静止油液中任意一点的压力如有变化,其压力的变化值将传递给油液的各点,且其值不变。这称为静压传递原理,即帕斯卡原理。

5. 应用

静压传递原理(帕斯卡原理)在液压传动中的应用见下面例题。

例5-1 如图5-4所示,液压千斤顶的压油过程中,柱塞泵活塞1的面积 $A_1 = 1.13 \times 10^{-4} m^2$,液压缸活塞2的面积 $A_2 = 9.62 \times 10^{-4} m^2$,压油时,作用在活塞1上的力 $F_1 = 5.78 \times 10^3 N$。试问柱塞泵油腔3内油液压强 p_1 为多大?液压缸能顶起多重的重物?

解:(1)柱塞泵油腔3内的油液压力

$$P_1 = F_1/A_1 = 5.78 \times 10^3/(1.13 \times 10^{-4}) = 5.115 \times 10^7 Pa = 51.15(MPa)$$

(2)液压缸活塞2上的液压作用力

$$F_2 = P_1 A_2 = 5.115 \times 10^7 \times 9.62 \times 10^{-4} = 4.92 \times 10^4 (N)$$

(3)能顶起的重物的重量

$$G = F_2 = 4.92 \times 10^4 (N)$$

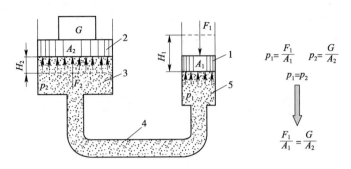

图 5-4　液压千金顶的作用

1-柱塞泵活塞；2-液压缸活塞；3-柱塞泵油腔；4-管路；5-液压缸油腔

二、流量和平均流速

1. 流量

流量指单位时间内流过管道某一截面的液体体积，如图 5-5 所示。

2. 平均流速

流量

$$q_v = \frac{V}{t} = A\frac{l}{t} = Av$$

平均流速

$$v = \frac{q_v}{A}$$

3. 液流的连续性

液流连续性原理——理想液体在无分支管路中作稳定流动时，通过每一截面的流量相等（如图 5-6 所示），即

$$A_1 v_1 = A_2 v_2$$

式中：A_1、A_2——截面 1、2 的面积，m^2；

v_1、v_2——液体流经截面 1、2 的平均流速，m/s。

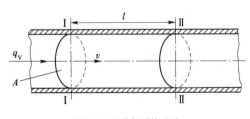　　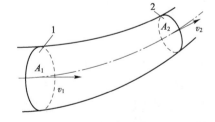

图 5-5　流量与平均流速　　　　　图 5-6　流量连续性原理

上式表明，液体在无分支管路中作稳定流动时，流经管路不同截面时的平均流速与其截面面积大小成反比。

例 5-2　如图 5-4 所示，液压千斤顶压油过程中，柱塞泵活塞 1 的面积 $A_1 = 1.13 \times 10^{-4} m^2$，液压缸活塞 2 的面积 $A_2 = 9.62 \times 10^{-4} m^2$，管路 4 的截面积 $A_4 = 1.3 \times 10^{-5} m^2$。活塞 1 下压速度 v_1 为 0.2m/s，试求活塞 2 的上升速度 v_2 和管路内油液的平均流速 v_4。

解:(1)柱塞泵排出的流量
$$q_{v1} = A_1 v_1 = 1.13 \times 10^{-4} \times 0.2 = 2.26 \times 10^{-5} (\text{m}^3/\text{s})$$
(2)根据液流连续性原理有
$$qv_1 = qv_2$$
液压缸活塞2上的上升速度为
$$v_2 = \frac{qv_2}{A_2} = 2.26 \times \frac{10^{-5}}{9.62 \times 10^{-4}} = 0.0235 (\text{m/s})$$
(3)同理有
$$v_4 = \frac{qv_4}{A_4} = \frac{2.26 \times 10^{-5}}{1.3 \times 10^{-5}} = 1.74 (\text{m/s})$$

三、压力损失及其与流量的关系

(1)由静压传递原理可知,密封的静止液体具有均匀传递压力的性质,即当一处受到压力作用时,其各处的压力均相等。

(2)由于流动液体各质点之间以及液体与管壁之间的相互摩擦和碰撞会产生阻力,这种阻碍油液流动的阻力称为液阻。

(3)液阻增大,将引起压力损失增大,或使流量减小。

四、液压油的选用

液压油的质量直接影响液压系统的工作性能,合理选择和使用液压油是保证液压系统高效率工作的条件。

黏度指液体黏性的大小。

为了减少漏损,在使用温度、压力较高或速度较低时,应采用黏度较大的油。

为了减少管路内的摩擦损失,在使用温度、压力较低或速度较高时,应采用黏度较小的油。

第三节 液压动力元件

液压泵是液压系统的动力元件,它把电动机或其他原动机输出的机械能转换成液压能的装置。其作用是向液压系统提供压力油。

一、液压泵工作原理

图5-7所示为一个简单的单柱塞泵的结构示意图,液压泵是靠密封容积的变化来实现吸油和压油的,故可称为容积泵。其工作过程就是吸油和压油过程。

要保证液压泵正常工作,必须满足以下条件:

(1)应具备密封工作容积,并且密封容积应能不断重复地由小变大,再由大变小;

(2)要有配油装置,在吸油过程中必须使油箱与大气相通,容积减小时向系统压油。

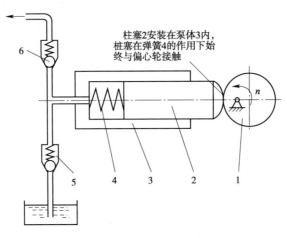

图5-7 单柱塞泵的结构示意图
1-偏心轮;2-柱塞;3-泵体;4-弹簧;5、6-单向阀

二、液压泵的类型及图形符号

1. 液压泵的类型
(1)按结构:齿轮泵、叶片泵、柱塞泵、螺杆泵。
(2)按输油方向:单向泵、双向泵。
(3)按输出流量:定量泵、变量泵。
(4)按额定压力:低压泵、中压泵、高压泵。

2. 液压泵的图形符号
液压泵的图形符号如图5-8所示。

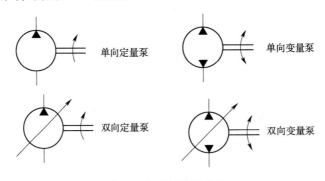

图5-8 液压泵的图形符号

三、常用液压泵

1. 齿轮泵
齿轮泵包括外啮合齿轮泵和内啮合齿轮泵。
齿轮旋转时,由于A腔轮齿不断脱开啮合,使密封容积逐渐增大,形成局部真空,从油箱中吸入油,随着齿轮旋转,油液被带到B腔。由于B腔的轮齿逐渐进入啮合,故密封容积不断减小,从而使齿槽间的油液被逐渐挤出。当齿轮不断旋转时,齿轮泵连续不断地重复吸油和压油的过程,不断向系统供油。

2. 叶片泵

叶片泵包括单作用式叶片泵和双作用式叶片泵。

如图5-9所示,双作用式叶片泵工作原理:转子旋转时,叶片在离心力和压力油作用下尖部紧贴在定子内表面上,两个叶片与转子、定子内表面所构成的工作容积先由小到大吸油,再由大到小排油,叶片旋转一周完成吸油、压油各两次。

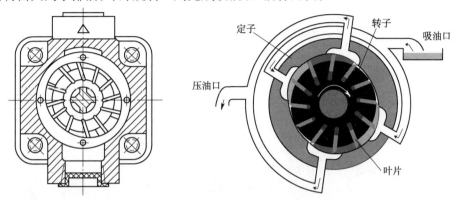

图5-9 双作用式叶片泵工作原理图

3. 柱塞泵

柱塞泵包括径向柱塞泵(淘汰)和轴向柱塞泵(图5-10)。

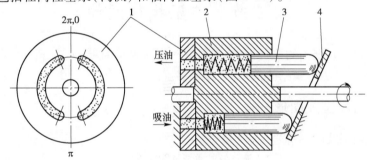

图5-10 轴向柱塞泵的工作原理图
1-配流盘;2-缸体;3-柱塞;4-斜盘

柱塞在缸体内作往复运动,工作容积增大时吸油,减小时排油。

4. 螺杆泵

螺杆泵包括转子式容积泵和回转式容积泵。

如图5-11所示,螺杆每转一周,密封腔内的液体向前推进一个螺距,随着螺杆连续转动,液体以螺旋形方式从一个密封腔压向另一个密封腔,最后挤出泵体。

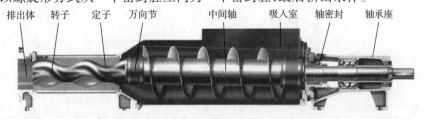

图5-11 单螺杆泵结构

四、液压泵的比较与选择

表 5-1 所示为液压泵的种类及其优缺点比较。

液压泵的种类及其优缺点比较　　　　　　　表 5-1

类型	优　点	缺　点	工作压力	应用场合	液压泵的选择
齿轮泵	结构简单,不需要配流装置,价格低,工作可靠,维护方便	易产生振动和噪声,容积效率低,径向液压力不平衡,流量不可调	低压	一般负载小、功率低的机床设备	齿轮泵或双作用式叶片泵
叶片泵	输油量均匀,压力脉动小,容积效率高	结构复杂,难加工,叶片易被脏物卡死	中压	精度较高的机床(如磨床)	螺杆泵或双作用式叶片泵
轴向柱塞泵	结构紧凑,径向尺寸小,容积效率高	结构复杂,价格较贵	高压	负载大、功率大的机床(如龙门刨、拉床等)	柱塞泵
螺杆泵	结构简单,体积小,重量轻,运转平稳,噪声小,寿命长,流量均匀,自吸能力强,容积效率高	螺杆齿形复杂,不易加工,精度难以保证	4MPa~40MPa	机床辅助装置(如送料、夹紧等)	齿轮泵

第四节　液压执行元件

液压缸是液压系统中的执行元件,它将液压能转换为直线(或旋转)运动形式的机械能,输出运动速度和力。其结构简单,工作可靠。

一、液压缸类型及图形符号

液压缸的类型及图形符号见表 5-2。

液压缸的类型及图形符号　　　　　　　表 5-2

分类	名　称	符　号	说　明
单作用液压缸	柱塞式液压缸		柱塞仅单向运动,返回行程是利用自重或负荷将柱塞推回
	单活塞杆液压缸		活塞仅单向运动,返回行程是利用自重或负荷将活塞推回
	双活塞杆液压缸		活塞的两侧都装有活塞杆,只能向活塞一侧供给压力油,返回行程通常利用弹簧力、重力或外力
	伸缩液压缸		以短缸获得长行程。用液压油由大到小逐节推出,靠外力由小到大逐节缩回
双作用液压缸	单活塞杆液压缸		单边有杆,两向液压驱动,两向推力和速度不等
	双活塞杆液压缸		双向有杆,双向液压驱动,可实现等速往复运动
	伸缩液压缸		双向液压驱动,伸出由大到小逐步推出,由小到大逐节缩回

续上表

分类	名称	符号	说明
组合液压缸	弹簧复位液压缸		单向液压驱动,由弹簧力复位
	串联液压缸		由于缸的直径受限制、而长度不受限制处,获得大的推力
	增压缸(增压器)		由低压力室 A 缸驱动,使 B 室获得高压油源
	齿条传动准压缸		活塞往复运动经装在一起的齿条驱动齿轮获得往复回转运动
摆动液压缸			输出轴直接输出扭矩,其往回转的角度小于360°,也称摆动马达

二、液压缸典型结构

1. 活塞式液压缸

(1) 双作用双活塞杆式液压缸。

图 5-12、图 5-13 分别为缸体固定的双作用双杆缸和活塞杆固定的双作用双杆缸。

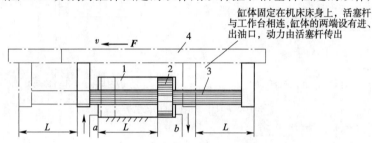

图 5-12 缸体固定的双作用双杆缸
1-缸体;2-活塞;3-活塞杆;4-工作台

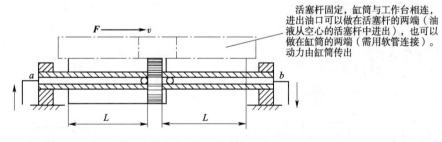

图 5-13 活塞杆固定的双作用双杆

双作用双活塞杆式液压缸的工作特点如下。

①液压缸两腔的活塞杆直径 d 和活塞有效作用面积 A 通常相等。当左、右两腔相继进入压力油时,若流量 q_v 及压力 p 相等,则活塞(或缸体)往返运动的速度(v_1 与 v_2)及两个方向的液压推力(F_1 与 F_2)相等。

②缸体固定的液压缸工作台往复运动范围为活塞有效行程的3倍,占地面积较大,常用于小型设备;活塞杆固定的液压缸工作台往复运动的范围为活塞有效行程的2倍,占地面积较小,常用于中、大型设备。

(2) 双作用单活塞杆式液压缸。

双作用单活塞杆式液压缸(图 5-14、图 5-15)的结构特点是:活塞的一端有杆,而另一端无杆,活塞两端的有效作用面积不等;实现机床的较大负载,但慢速工作进给和空载时快速退回。

图 5-14　双作用单杆缸实物图

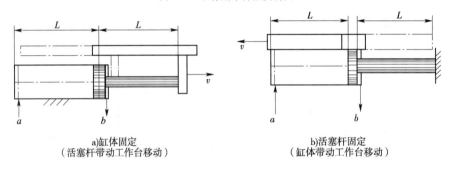

a)缸体固定
(活塞杆带动工作台移动)

b)活塞杆固定
(缸体带动工作台移动)

图 5-15　双作用单杆缸的安装方式

双作用单活塞杆式液压缸的工作特点如下:

(1) 工作台往复运动速度不相等。

(2) 活塞两方向的作用力不相等。工作台慢速运动时,活塞获得的推力大;工作台作快速运动时,活塞获得的推力小。

(3) 可作差动连接,如图 5-16 所示。

2. 其他液压缸简介

(1) 柱塞式液压缸。

如图 5-17 所示,单作用柱塞缸的特点如下:

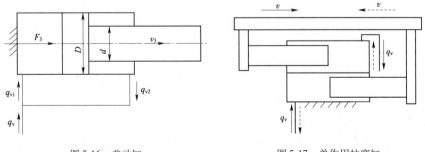

图 5-16　差动缸　　　图 5-17　单作用柱塞缸

① 缸体内壁与柱塞不接触,不需要精加工。因此,行程较长时,宜采用柱塞式液压缸。

②柱塞常做成空心的,可以减轻重量,防止柱塞下垂(水平放置时),降低密封装置的单面磨损。

如图 5-18 所示,成对使用的柱塞式液压缸,能够得到大行程的双向运动。

(2)伸缩缸。

伸缩缸(图 5-19)又称多级缸,由两级或多级活塞缸套装而成,前一级活塞缸的活塞就是后一级活塞缸的缸筒。收缩后液压缸的总长较短,结构紧凑,适用于安装空间受到限制而行程要求很长的场合。

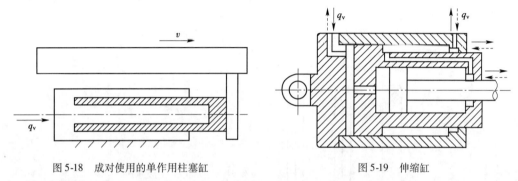

图 5-18　成对使用的单作用柱塞缸　　　　　图 5-19　伸缩缸

(3)齿条活塞缸。

齿条活塞缸由带有齿条杆的双活塞缸和齿轮齿条机构所组成(图 5-20),活塞的往复移动经齿轮齿条机构变成齿轮轴的往复转动。多用于自动线、组合机床等自动转位或分度机构中。

3. 液压缸的密封

液压缸密封包括固定件的静密封和运动件的动密封。

(1)间隙密封。

如图 5-21 所示,间隙密封依靠运动件之间很小的配合间隙来保证密封。其摩擦力小,内泄漏量大,密封性能差且加工精度要求高,只适用于低压、运动速度较快的场合。

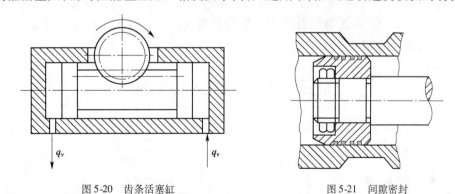

图 5-20　齿条活塞缸　　　　　图 5-21　间隙密封

(2)密封圈密封。

如图 5-22 所示,密封圈通常是用耐油橡胶压制而成,它通过本身的受压弹性变形来实现密封。橡胶密封圈的断面通常做成 O 形(图 5-23)、Y 形(图 5-24)和 V 形(图 5-25)。

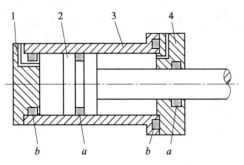

图 5-22 O 形密封圈在液压缸中的应用
1-前端盖；2-活塞；3-缸体；4-后端盖；
a-动密封；b-静密封

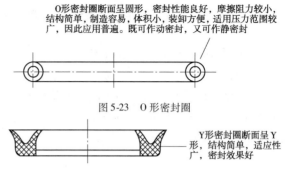

图 5-23 O 形密封圈

图 5-24 Y 形密封圈

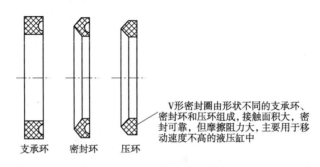

图 5-25 V 形密封圈

4. 液压缸的缓冲

目的：防止活塞在行程终了时，由于惯性力的作用与端盖发生撞击，影响设备的使用寿命。

原理：当活塞将要达到行程终点、接近端盖时，增大回油阻力，以降低活塞的运动速度，从而减小和避免对活塞的撞击。

5. 液压缸的排气

如果液压系统中的油液混有空气将会严重地影响工作部件的平稳性，为了便于排除积留在液压缸内的空气，油液最好从液压缸的最高点进入和排出。对要求运动平稳性较高的液压缸，常在两端装有排气塞。

第五节 液压控制元件

为了控制与调节液流的方向、压力和流量，以满足工作机械的各种要求，就要用控制阀。控制阀又称液压阀，简称阀。

一、方向控制阀

控制油液流动方向的阀，可分为单向阀和换向阀两大类。

1. 单向阀

作用：保证通过阀的液流只向一个方向流动而不能反方向流动。

如图 5-26 及图 5-27 所示，油从进油口 p_1 流入，从出油口 p_2 流出。反向时，因油口 p_2

一侧的压力油将阀芯紧压在阀体上,使阀口关闭,油流不能流动。

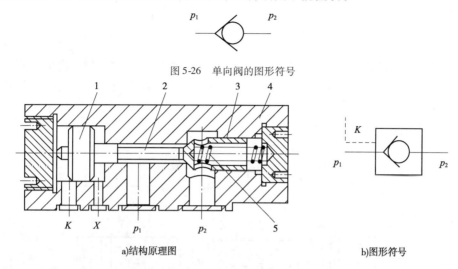

图 5-26 单向阀的图形符号

a)结构原理图　　　　　　　　　　　　　b)图形符号

图 5-27 液控单向阀的结构原理图及图形符号
1-控制活塞;2-顶杆;3-阀芯;4-阀体;5-弹簧

2. 换向阀

(1)换向阀的结构和工作原理

如图 5-28 所示,换向阀是借助于阀芯与阀体之间的相对运动来改变油液流动方向的阀类。

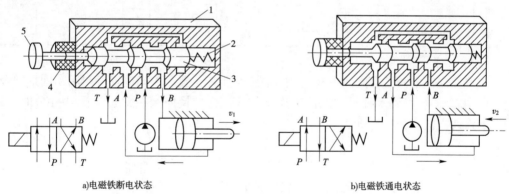

a)电磁铁断电状态　　　　　　　　　　　b)电磁铁通电状态

图 5-28 二位四通电磁换向阀的结构和工作原理图
1-阀体;2-复位弹簧;3-阀芯;4-电磁铁;5-衔铁

(2)换向阀的分类。

根据阀芯在阀体的工作位置数和换向阀所控制的油口通路数,换向阀可分为二位二通、二位三通、二位四通、二位五通、三位四通、三位五通等类型。不同的位数和通数,是由阀体上不同的沉割槽和阀芯上台肩组合形成的。

(3)换向阀的符号表示。

一个换向阀的完整符号应具有工作位置数、通口数、在各工作位置上阀口的连通关系、控制方法以及复位和定位方法等。

①位:指阀与阀的切换工作位置数,用方格表示。

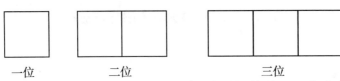

②位与通:"通"指阀的通路口数,即箭头"↑"或封闭符号"⊥"与方格的交点数。三位阀的中格、两位阀画有弹簧的一格为阀的常态位。常态位应绘出外部连接油口(格外短竖线)的方格。

③换向阀常用的控制方式符号见表5-3。

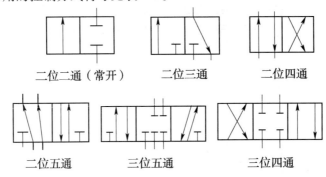

换向阀常用的控制方式符号　　　　　　　表5-3

手柄式	机械控制式			单作用电磁铁	加压或卸压控制
	顶杆式	滚轮式	弹簧式		

(4)三位换向阀的中位机能。

三位换向阀的阀芯在阀体中有左、中、右三个工作位置。中间位置可利用不同形状及尺寸的阀芯结构,得到多种不同的油口连接方式。三位换向阀在常态位置(中位)时,各油口的连通方式称为中位机能。

①型号:O。

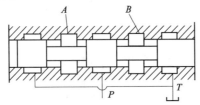 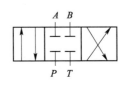

P、A、B、T四个通口全部封闭,液压缸闭锁,液压泵不卸荷。

②型号:H。

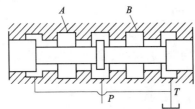 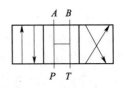

P、A、B、T 四个通口全部相通,液压缸活塞呈浮动状态,液压泵卸荷。

③型号:Y。

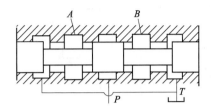 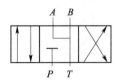

通口 P 封闭,A、B、T 三个通口相通,液压缸活塞呈浮动状态,液压泵不卸荷。

④型号:P。

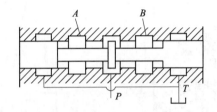 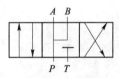

P、A、B 三个通口相通,通口 T 封闭,液压泵与液压缸两腔相通,可组成差动回路。

⑤型号:M。

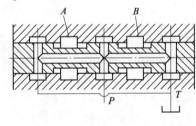 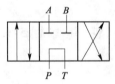

通口 P、T 相通,通口 A、B 封闭,液压缸闭锁,液压泵卸荷。

二、压力控制阀

用来控制液压系统中的压力,或利用系统中的压力变化来控制其他液压元件的装置,称为压力控制阀,简称压力阀。

工作原理:利用作用于阀芯上液压力与弹簧力相平衡的原理。

1. 溢流阀

作用:溢流和稳压作用,保持液压系统的压力恒定;限压保护作用,防止液压系统过载。

分类:直动式溢流阀(图5-29);先导式溢流阀(图5-30)。

2. 减压阀

作用:降低系统某一支路的油液压力,使同一系统有两个或多个不同压力。

减压原理:利用压力油通过缝隙(液阻)降压,使出口压力低于进口压力,并保持出口压力为一定值。缝隙愈小,压力损失愈大,减压作用就愈强。

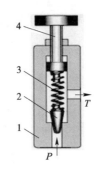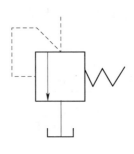

图 5-29 直动式溢流阀
1-阀体;2-阀芯;3-弹簧;4-调压螺杆

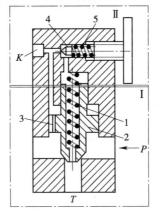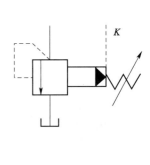

图 5-30 先导型溢流阀
1-主阀弹簧;2-主阀芯;3-阻尼孔;4-先导阀;5-调压弹簧

分类:直动型减压阀(图 5-31)、先导式减压阀(图 5-32)。

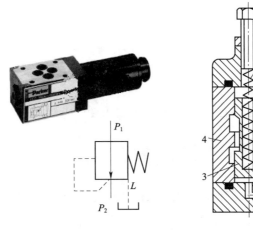

图 5-31 直动型减压阀
1-调压螺栓;2-调压弹簧;3-阀芯;4-阀体

3. 顺序阀

作用:利用液压系统中的压力变化来控制油路的通断,从而实现某些液压元件按一定的顺序动作。

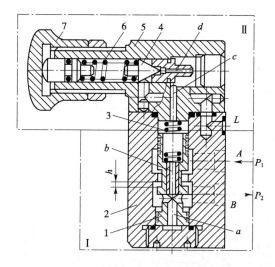
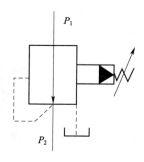

图 5-32 先导型减压阀

1-主阀芯;2-主阀阀体;3-主阀弹簧;4-锥阀;5-先导阀阀体;6-调压弹簧;7-调压螺帽;a-轴心孔;b-阻尼孔;c、d-通孔

分类如下。

(1)按结构和工作原理分:直动型顺序阀(图5-33);先导型顺序阀(图5-34)。

(2)按控制油路连接方式分:内控式顺序阀和处控式顺序阀。

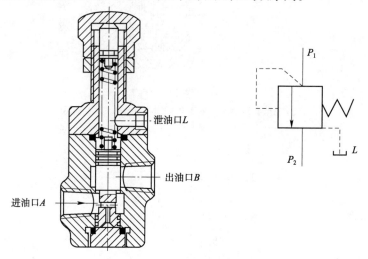

图 5-33 直动型顺序阀

4. 压力继电器

压力继电器是一种将液压信号转变为电信号的转换元件。当控制流体压力达到调定值时,它能自动接通或断开有关电路,使相应的电气元件(如电磁铁、中间继电器等)动作,以实现系统的预定程序及安全保护。

一般压力继电器都是通过压力和位移的转换使微动开关动作,借以实现其控制功能。

常用的压力继电器有柱塞式、膜片式、弹簧管式和波纹管式等,其中以柱塞式最为常用,如图 5-35 所示。

 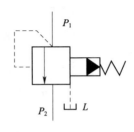

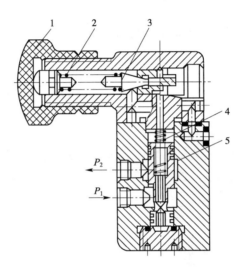

图 5-34　先导型顺序阀
1-调节螺母;2-调压弹簧;3-锥阀;4-主阀弹簧;5-主阀芯

 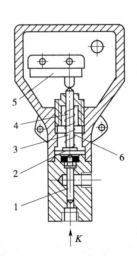 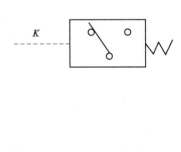

图 5-35　液压柱塞式压力继电器
1-柱塞;2-限位挡块;3-顶柱;4-调节螺杆;5-微动开关;6-调压弹簧

三、流量控制阀

作用：控制液压系统中液体的流量，简称流量阀。

原理：流量阀是通过改变阀口过流断面积来调节通过阀口的流量，从而控制执行元件运动速度的控制阀。

分类：节流阀（图5-36、图5-37）、调速阀（图5-38）。其中，调速阀是由减压阀和节流阀串联而成的组合阀。

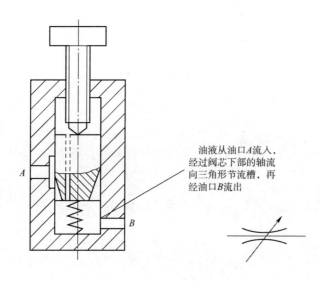

图5-36 节流阀的工作结构原理图及图形符号

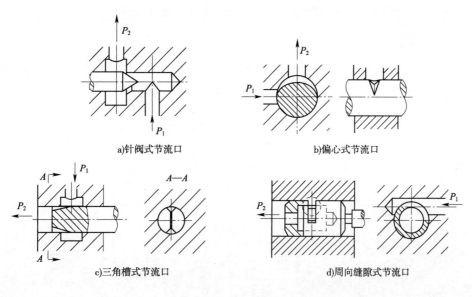

图5-37 节流阀常用节流口形式

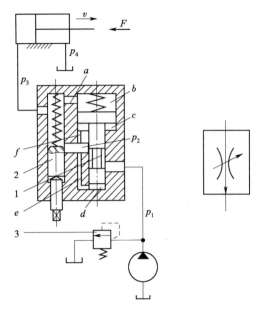

图 5-38 调速阀的工作结构原理图及图形符号
1-减压阀阀芯;2-节流阀阀芯;3-溢流阀

第六节 液压辅助元件

一、过滤器(图 5-39)

作用:保持油的清洁。

过滤器安装在液压泵的吸油管路上(或液压泵的输出管路上)以及重要元件的前面。通常情况下,泵的吸油口装粗过滤器,泵的输出管路上与重要元件之前装精过滤器。

二、蓄能器

蓄能器是储存压力油的一种容器,可以在短时间内供应大量压力油,补偿泄漏以保持系统压力,消除压力脉动与缓和液压冲击等,如图 5-40 所示。

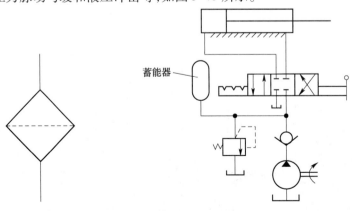

图 5-39 过滤器　　图 5-40 蓄能器应用实例

三、油管和管接头

1. 油管

常用的油管有钢管、铜管、橡胶软管、尼龙管和塑料管等。

固定元件间的油管常用钢管和铜管,有相对运动的元件之间一般采用软管连接。

2. 管接头

管接头用于油管与油管、油管与液压元件间的连接。

四、油箱

油箱可分为总体式油箱和分离式油箱,也可按照液面是否与大气相通分为开式油箱和闭式油箱。

油箱除了用于储油外,还起散热及分离油中杂质和空气的作用。

在机床液压系统中,可以利用床身或底座内的空间作油箱,如图5-41所示。精密机床多采用单独油箱。

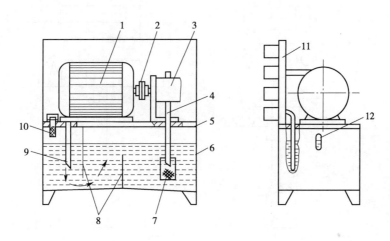

图5-41 液压泵卧式安置的油箱

1-电动机;2-联轴器;3-液压泵;4-吸油管;5-盖板;6-油箱体;7-过滤器;8-隔板;9-回油管;10-加油口;11-控制阀连接板;12-液位计

第七节 液压系统基本回路

液压基本回路是由某些液压元件和附件所构成的能完成某种特定功能的回路。

一、方向控制回路

在液压系统中,控制执行元件的起动、停止(包括锁紧)及换向的回路被称为方向控制回路。

1. 换向回路(图5-42)

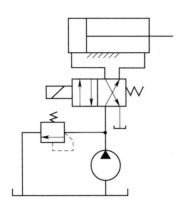
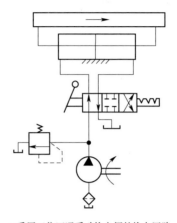

a)采用二位四通电磁换向阀的换向回路　　b)采用三位四通手动换向阀的换向回路

图5-42　换向回路

2. 锁紧回路(图5-43)

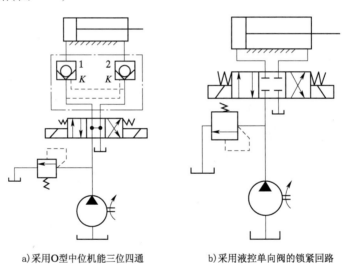

a)采用O型中位机能三位四通　　b)采用液控单向阀的锁紧回路

图5-43　电磁换向阀的锁紧回路

二、压力控制回路

压力控制回路是利用压力控制阀来调节系统或系统某一部分的压力的回路。压力控制回路可以实现调压、减压、增压、卸荷等功能。

1. 调压回路

调压回路使液压系统整体或某一部分的压力保持恒定或不超过某个数值。调压功能主要由溢流阀完成(图5-44)。

2. 减压回路(图5-45)

在液压系统中,当某一支路所需的工作压力低于系统的工作压力,或需要有稳定的工作压力时,就采用减压回路。

3. 增压回路（图5-46）

增压回路使系统中局部油路或个别执行元件的压力得到比主系统压力高得多的压力。

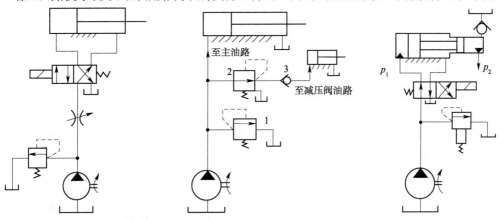

图5-44 采用溢流阀的调压回路

图5-45 采用减压阀的减压回路
1-溢流阀；2-减压阀；3-单向阀

图5-46 采用增压液压缸的增压回路

4. 卸荷回路（图5-47）

卸荷回路使液压泵驱动电动机不频繁启闭，让液压泵在接近零压的情况下运转，以减少功率损失和系统发热，延长泵和电动机的使用寿命。

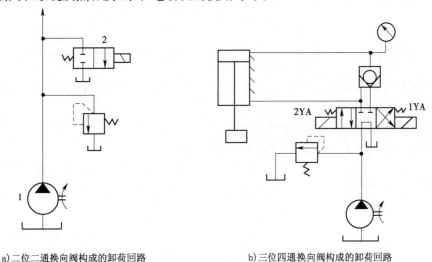

a) 二位二通换向阀构成的卸荷回路　　　　b) 三位四通换向阀构成的卸荷回路

图5-47 卸荷回路

三、速度控制回路

控制执行元件运动速度的回路，一般是通过改变进入执行元件的流量来实现。速度控制回路分类见图5-48。

1. 调速回路

调整回路是用于调节工作行程速度的回路。

（1）进油节流调速回路（图5-49）。

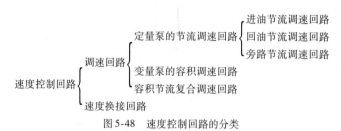

图 5-48　速度控制回路的分类

将节流阀串联在液压泵与液压缸之间。

泵输出的油液一部分经节流阀进入液压缸的工作腔,泵多余的油液经溢流阀流回油箱。由于溢流阀有溢流,泵的出口压力 P_B 保持恒定。调节节流阀通流截面积,即可改变通过节流阀的流量,从而调节液压缸的运动速度。

(2)回油节流调速回路(图 5-50)。

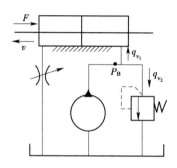

图 5-49　进油节流调速回路

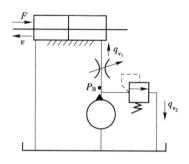

图 5-50　回油节流调速回路

将节流阀串接在液压缸与油箱之间。调节节流阀流通面积,可以改变从液压缸流回油箱的流量,从而调节液压缸运动速度。

(3)变量泵的容积调速回路(图 5-51)。

依靠改变液压泵的流量来调节液压缸速度的回路。

液压泵输出的压力油全部进入液压缸,推动活塞运动,改变液压泵输出油量的大小,从而调节液压缸运动速度。

溢流阀起安全保护作用。该阀平时不打开,在系统过载时才打开,进而限定系统的最高压力。

2.速度换接回路

速度换接回路是使不同速度相互转换的回路。

(1)液压缸差动连接速度换接回路。

液压缸差动连接速度换接回路是利用液压缸差动连接获得快速运动的回路。

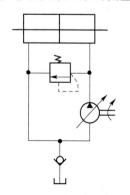

图 5-51　变量泵的容积调速回路

当液压缸差动连接,相同流量进入液压缸时,液压缸的伸缩速度提高。图 5-52 所示用一个二位三通电磁换向阀来控制快慢速度的转换。

(2)短接流量阀速度换接回路。

短接流量阀速度换接回路是采用短接流量阀获得快慢速运动的回路。

图 5-53 所示为二位二通电磁换向阀左位工作,回路回油节流,液压缸慢速向左运动。当二位二通电磁换向阀右位工作时(电磁铁通电),流量阀(调速阀)被短接,回油直接流回油箱,速度由慢速转换为快速。二位四通电磁换向阀用于实现液压缸运动方向的转换。

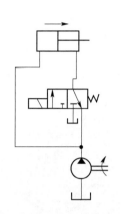 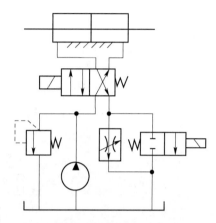

图 5-52　液压缸差动连接速度换接回路　　　图 5-53　短接流量阀速度换接回路

(3) 串联调速阀速度换接回路。

串联调速阀速度换接回路是采用串联调速阀获得速度换接的回路。

图 5-54 示为二位二通电磁换向阀左位工作,液压泵输出的压力油经调速阀 A 后,通过二位二通电磁换向阀进入液压缸,液压缸工作速度由调速阀 A 调节;当二位二通电磁换向阀右位工作时(电磁铁通电),液压泵输出的压力油通过调速阀 A,须再经调速阀 B 后进入液压缸,液压缸工作速度由调速阀 B 调节。

(4) 并联调速阀速度换接回路。

并联调速阀速度换接回路是采用并联调速阀获得速度换接的回路(图 5-55)。

两工作给油速度分别由调速阀 A 和调速阀 B 调节。速度转换由二位三通电磁换向阀控制。

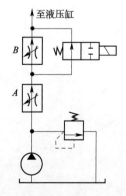 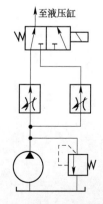

图 5-54　串联调速阀速度换接回路　　　图 5-55　并联调速阀速度换接回路

四、顺序动作控制回路

顺序动作控制回路是采用两个单向顺序阀的压力控制顺序动作回路实现系统中执行元件动作先后次序的回路(图 5-56)。

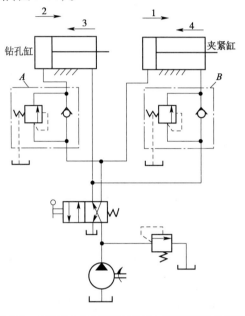

图 5-56　采用两个单向顺序阀的压力控制顺序动作回路

第六章　互换性与测量技术基础

> **学习目标**
> 1. 了解互换性的概念；
> 2. 了解极限和配合的概念和特点；
> 3. 了解表面粗糙度，掌握形位公差的符号和含义；
> 4. 测量基础和测量仪器的应用。

互换性原理始于兵器制造。早在战国时期（公元前476年—公元前222年）生产的兵器便能符合互换性要求。西安秦始皇陵兵马俑坑出土的大量弩机（当时的一种远射程的弓箭）的组成零件都具有互换性（图6-1）。这些零件是青铜制品，其中方头圆柱销和销孔已能保证一定的间隙配合。18世纪初，美国批量生产的火枪也实现了零件互换。随着织布机、缝纫机和自行车等新型机械产品的大批量生产需要，又出现了高精度工具和机床，促使互换性生产由军火工业迅速扩大到一般机械制造业。20世纪初，汽车工业迅速发展，形成了现代化大工业生产，由于批量大、零部件品种多，要求组织专业化集中生产和广泛的协作。

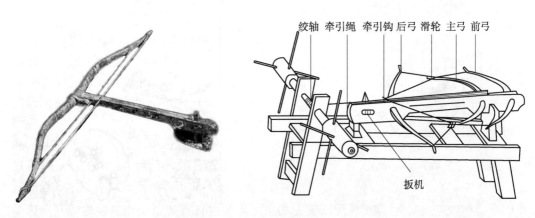

图6-1　弩机和弩床

第一节　互换性的概念

一、简介

在机械和仪器制造中,遵循互换性原则,不仅能显著提高劳动生产率,而且能有效保证产品质量和降低生产成本。机械和制造业中,零部件的互换性要求并不需要零件的几何参数绝对准确。加工过程中由于种种因素的影响,零件的尺寸、形状、位置以及表面粗糙度等几何量总有或大或小的误差。但只要将这些几何量规定在某一范围内变动,即可保证零件彼此的互换性。这个允许变动的范围称为公差。

二、互换性

1. 互换性的概念

零部件的互换性指在机械和仪器制造工业中,同一规格的一批零件或部件中,任取其一,不需任何挑选或附加修配(如钳工修理)就能装在机器上,达到规定的性能要求。

2. 互换性的作用

从使用方面看,如人们经常使用的自行车和手表的零件、生产中使用的各种设备的零件等,当它们损坏以后,修理人员很快就可以换上同样规格的零件,恢复自行车、手表和设备的功能。在某些情况下,互换性所起的作用还很难用价值来衡量。例如在战场上,要立即排除武器装备的故障,继续战斗,这时零部件的互换性是绝对必要的。

从制造方面来看,互换性是提高生产水平和进行文明生产的有力手段。装配时,不需辅助加工和修配,故能减轻装配工人的劳动强度,缩短装配周期,并且可使装配工人按流水作业方式进行工作,以进行自动装配,从而大大提高制造效率。

从设计方面看,由于采用互换原则设计和生产标准零部件,可以简化绘图、计算等工作,缩短设计周期,并便于用计算机辅助设计。

3. 互换性的分类

互换性分为外互换和内互换。对于标准部件来说,标准部件与其相配件间的互换性称为外互换;标准部件内部各零件间的互换性称为内互换。例如滚动轴承(图6-2)外环外径与机座孔、内环内径与轴颈的配合为外互换;其外环、内环滚道直径与滚动体间的配合为内互换。

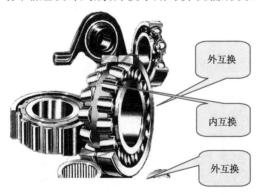

图6-2　滚动轴承

互换性按互换程度又可分为完全互换和不完全(或有限)互换。零件在装配时不需选配或辅助加工即可装成具有规定功能的机器的互换称为完全互换;需要选配或辅助加工才能装成具有规定功能的机器的互换称为不完全互换。

互换性按互换目的又可分为装配互换和功能互换。规定几何参数公差达到装配要求的互换称为装配互换;规定几何参数公差和机械物理性能参数公差都达到使用要求的互换称为功能互换。

上述的外互换和内互换、完全互换和不完全互换皆属装配互换。装配互换目的在于保证产品精度;功能互换目的在于保证产品质量。

三、标准与标准化

1. 标准的概念

要使具有互换性的产品几何参数完全一致是不可能的,也是不必要的。在此情况下,要使同种产品具有互换性,只能使其几何参数、功能参数充分近似。其近似程度可按产品质量要求的不同而不同。现代化生产的特点是品种多、规模大、分工细和协作多。为使社会生产有序地进行,必须通过标准化使产品规格品种简化,使分散的、局部的生产环节相互协调和统一,如图6-3所示。

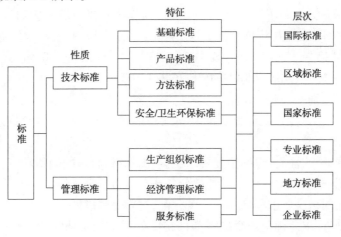

图6-3 标准

标准是对重复性事物和概念所做的统一规定,它以科学、技术和实践经验的综合成果为基础,经有关方面协商一致,由主管机构批准,以特定形式发布,作为共同遵守的准则和依据。

标准化是指标准的制定、发布和贯彻实施的全部活动过程,包括从调查标准化对象开始,经试验、分析和综合归纳,进而制定和贯彻标准,以后还要修订标准等。标准化是以标准的形式体现的,也是一个不断循环、不断提高的过程。

标准化是组织现代化生产的重要手段,是实现互换性的必要前提,是国家现代化水平的重要标志之一。它对人类进步和科学技术发展起着巨大的推动作用。

2. 国际上的标准化发展历程

标准按不同的级别颁发。我国标准分为国家标准、行业标准、地方标准和企业标准。

对需要在全国范围内统一的技术要求,应当制定国家标准,代号为GB;对没有国家标准而又需要在全国某个行业范围内统一的技术要求,可制定行业标准,如机械标准(代号为JB)等;对没有国家标准和行业标准而又需要在某个范围内统一的技术要求,可制定地方标准或企业标准,它们的代号分别为 DB、QB。

在国际上,为了促进世界各国在技术上的统一,成立了国际标准化组织(简称 ISO)和国际电工委员会(简称 IEC),由这两个组织负责制定和颁发国际标准。我国于 1978 年恢复参加 ISO 组织后,陆续修订了自己的标准。修订的原则是,在立足我国生产实际的基础上向 ISO 靠拢,以利于加强我国在国际上的技术交流和产品互换。

(1)国际标准。

1902 年颁布了全世界第一个公差与配合标准(极限表)。

1924 年英国在全世界颁布了最早的国家标准 B.S164—1924,紧随其后的是美国、德国、法国。

1929 年苏联也颁布了"公差与配合"标准。

1926 年成立了国际标准化协会(ISA),1940 年正式颁布了国际"公差与配合"标准,1947 年将 ISA 更名为 ISO(国际标准化组织)。

(2)我国标准。

1959 年我国正式颁布了第一个《公差与配合》国家标准(GB 159～174—59)。

1979 年以来对旧的基础标准进行了两次修订:一次是 20 世纪 80 年代初期,(GB 1800～1804—79、GB 1182～1184—80、GB 1031—83);另一次是 20 世纪 90 年代中期(GB/T 1800.1—1997、GB/T 1182—1996、GB/T 1031—1995)。

3.精度设计原则

互换性原则:机械零件几何参数的互换性是指同种零件在几何参数方面能够彼此互相替换的性能。

经济性原则:工艺性、合理的精度要求、合理的选材、合理的调整环节、提高寿命。

匹配性原则:根据机器或位置中各部分各环节对机械精度影响程度的不同,对各部分各环节提出不同的精度要求和恰当的精度分配,这就是精度匹配原则。

最优化原则:探求并确定各组成零部件精度处于最佳协调时的集合体。例如探求并确定先进工艺、优质材料等。

第二节　极限与配合的基本概念

工业生产中,经常要求零部件具有互换性。图 6-4 所示的圆柱齿轮减速器,由齿轮、轴、箱体、轴承等零部件经装配而成,而这些零部件是分别由不同的工厂和车间制成的。机械装配时,若同一规格的零部件,不需经过任何挑选或修配,便能安装在机械上,并且能够达到规定的功能要求,则称这样的零部件具有互换性。

互换性是工业生产现代化、专业化、批量化的前提,是最基本的技术经济原则。零部件的互换性应包括几何量、力学性能和理化性能等方面的互换性。

一、孔和轴

公差的最初萌芽产生于装配,机械中最基本的装配关系,就是一个零件的圆柱形内表面包容另一个零件的圆柱形外表面,即孔与轴的配合。所以,光滑圆柱的极限与配合标准是机械中重要的基础标准,如图 6-5 所示。

孔通常指工件的圆柱形内表面,也包括其他由单一尺寸确定的非圆柱形内表面(由两平行平面或切面形成的包容面)部分。

轴通常指工件的圆柱形外表面,也包括其他由单一尺寸确定的非圆柱形外表面(由两平行平面或切面形成的被包容面)部分,如图 6-6 所示。

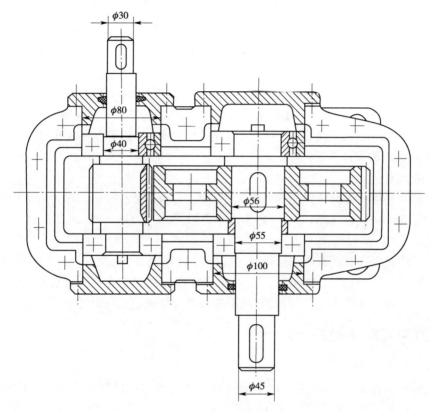

图 6-4　圆柱齿轮减速器

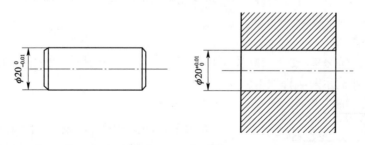

图 6-5　轴与孔

二、有关线性尺寸的定义

1. 线性尺寸

线性尺寸,简称尺寸,是指两点之间的距离,如直径、半径、宽度、深度、高度、中心距等。我国机械制图国家标准采用毫米(mm)为尺寸的基本单位。

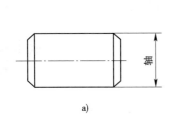 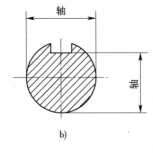 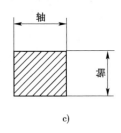

图 6-6 轴

2. 基本尺寸

基本尺寸是设计给定的尺寸。孔用 D 表示，轴用 d 表示（一般来说，与孔有关的代号用大写表示，与轴有关的代号用小写表示）。例如，孔的基本尺寸 $D=20$ram，轴的基本尺寸 $d=20$ram。基本尺寸是根据零件的强度、刚度、结构、工艺等多种要求确定的，然后再标准化（详见《机械设计手册》）。

3. 极限尺寸

极限尺寸是指允许尺寸变化的两个界限尺寸。其中较大的一个称为最大极限尺寸，用 $Dmax$ 或 $dmax$ 表示。较小的一个称为最小极限尺寸，用 $Dmin$ 或 $dmin$ 表示。

4. 实际尺寸

实际尺寸是指通过两点法测量得到的尺寸，用 Da 或 da 来表示。由于测量误差的存在，实际尺寸不是零件尺寸的真值。同时，由于零件表面总是存在形状误差，所以被测表面各处的实际尺寸也是不完全相同的，可通过多处测量确定实际尺寸。

三、有关偏差、公差的定义

1. 尺寸偏差

尺寸偏差简称偏差，是指某一尺寸减去基本尺寸所得的代数差。当某一尺寸为实际尺寸时得到的偏差称为实际偏差；当某一尺寸为极限尺寸时得到的偏差称为极限偏差。最大极限尺寸与基本尺寸之差称为上偏差，用 ES 或 es 表示。最小极限尺寸与基本尺寸之差称为下偏差，用 EI 或 ei 表示。

2. 尺寸公差

尺寸公差简称公差，是指实际尺寸的允许变动量。孔和轴的公差分别用 TD 和 Td 表示。公差的大小表示对零件加工精度要求的高低。

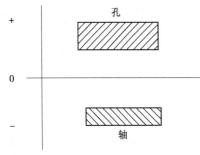

图 6-7 公差带图

3. 公差带

在公差带图解中，由代表上、下偏差的两条直线所限定的一个区域称为公差带，如图 6-7 所示。公差带在垂直零线方向的宽度代表公差值，公差带沿零线方向的长度可任取。

四、配合

配合是指基本尺寸相同、相互结合的孔和轴公差带之间的关系。不同的配合就是不同的孔、轴公差带之间的关系。

间隙或过盈是指孔的尺寸减去相配合轴的尺寸所得的代数差。此差值为正时称为间隙,用 x 表示;此差值为负时称为过盈,用 y 表示。

1. 间隙配合

间隙配合是指具有间隙(包括最小间隙等于零)的配合,如图6-8a)所示。

2. 过盈配合

过盈配合是指具有过盈(包括最小过盈等于零)的配合,如图6-8b)所示。

3. 过渡配合

过渡配合是指可能具有间隙或过盈的配合。如图6-9所示。

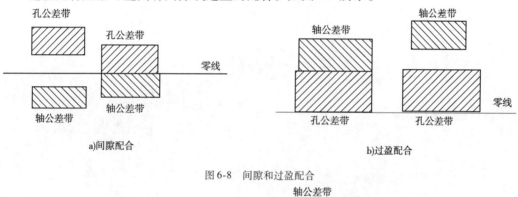

图6-8　间隙和过盈配合

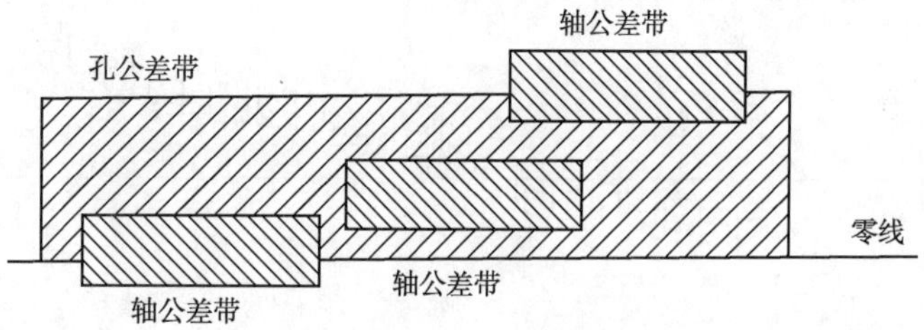

图6-9　过渡配合

五、标准公差

标准公差为国家标准规定的公差值。它是根据公差等级、基本尺寸分段等计算,再经圆整后确定的(相关知识可参阅有关资料)。实际使用时,可查表得到。为了保证零部件具有互换性,必须按国家规定的标准公差对零部件的加工尺寸提出明确的公差要求。

在机械产品中,标准公差用IT表示,将标准公差等级分为20级,用IT和阿拉伯数字表示为IT01,IT0,IT1,IT2,IT3……IT18。其中IT01最高,等级依次降低,IT18最低。公差等级越高,公差值越小。其中,IT01～IT11主要用于配合尺寸,而IT12～IT18主要用于非配合尺寸。

六、基本偏差

1. 基本偏差代号

在设计中,仅仅知道标准公差,还无法确定公差带相对于零线的位置。基本偏差是国家标准规定的,用来确定公差带相对于零线位置的上偏差或下偏差,一般为靠近零线的那个偏差。

根据实际需要,国家标准对孔和轴各规定了 28 个基本偏差,分别用一个或两个拉丁字母表示。如图 6-10 所示,图中只画出公差带基本偏差的一端,另一端开口则表示将由公差值来决定。对于轴 a 至 h 公差带位于零线下方,其基本偏差是上偏差 es,且偏差值由负值依次变化至零;js、j 的公差带在零线附近;k 至 ZC 的公差带在零线上方,其基本偏差是下偏差 ei,偏差值依次增大。从图 6-10 中可以看出,代号相同的孔的公差带位置和轴的公差带位置相对零线基本对称。

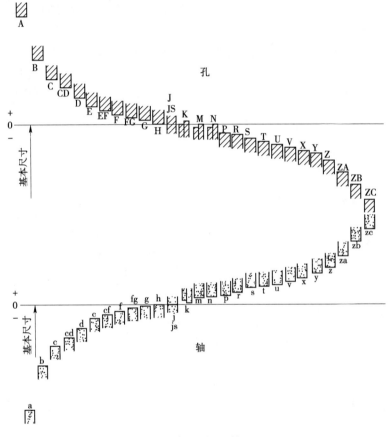

图 6-10　孔和轴的基本偏差系列

2. 极限与配合在图样上的标注

零件图上尺寸的标注方法有三种,如图 6-11 所示。装配图上,在基本尺寸之后标注配合代号,如图 6-12 所示。

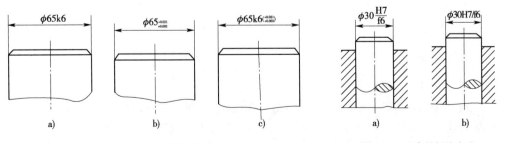

图 6-11　尺寸公差带的标注方法　　　　图 6-12　配合的标注方法

七、配合制

配合制是指同一极限制的孔和轴组成配合的一种制度。孔与轴的配合性质决定了孔、轴公差带之间的相对位置。为了用较少的标准公差带形成较多的配合,国家标准规定了两种平行的配合制:基孔制和基轴制。

基孔制是指基准孔与不同基本偏差的轴的公差带形成各种配合的一种制度,如图6-12a)所示。H7/m6、H8/f7 均属于基孔制配合代号。

基轴制是指基准轴与不同基本偏差的孔的公差带形成各种配合的一种制度,如图6-12b)所示。M7/h6、F8/h7 均属于基轴制配合代号。

1. 配合制的选择

(1)配合制的选择原则是优先选用基孔制,特殊情况下也可选用基轴制或非基准制。加工中、小孔时,一般都采用钻头、铰刀、拉刀等定尺寸刀具,测量和检验中、小孔时,亦多使用塞规等定尺寸量具。采用基孔制可以使它们的类型和数量减少,具有良好的经济效果,这是采用基孔制的主要原因。大尺寸孔的加工虽然不存在上述问题,但是,为了同种尺寸孔保持一致,也采用基孔制。

(2)在下列情况下,应选用基轴制。

①直接采用冷拉棒料做轴。当在机械制造中采用具有一定公差等级的冷拉钢材,其外径不经切削加工即能满足使用要求,此时就应选择基轴制。

②由于结构上的特点,因而宜采用基轴制。如图6-13a)所示为发动机的活塞销轴与连杆铜套孔和活塞孔之间的配合;若采用基孔制配合,如图6-13b)所示;若采用基轴制配合,如图6-13c)所示。

(3)与标准件配合时,应以标准件为基准件来确定配合制。

(4)特殊情况可采用非配合制配合。

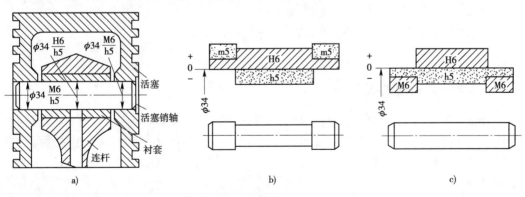

图6-13 基轴制配合选择示例

2. 公差等级的选择

用类比法选择公差等级时,还应考虑以下问题。

首先,应考虑孔和轴的工艺等价性。孔和轴的工艺等价性即孔和轴加工难易程度应相同。一般地说,孔的公差等级低于8级时,孔和轴的公差等级取相同;孔的公差等级高于8级时,轴应比孔高一级;孔的公差等级等于8级时,两者均可。这样可保证孔和轴的工艺等价性,如 H9/d9、H8/f7、H8/n8、H7/p6。

其次,要注意相关件和相配件的精度。相关件的精度等级高,就应选较高的精度等级;反之,就选较低的精度等级。例如,齿轮孔与轴的配合取决于齿轮的精度等级(可参阅有关齿轮的国家标准)。

最后,必须考虑加工成本。例如,轴颈与轴套的配合,按工艺等价原则,轴套应选 7 级公差(加工成本较高),但考虑到它们在径向只要求自由装配,为大间隙的间隙配合,此处选择了 9 级公差,有效地降低了成本。

3. 配合的选择

配合的选择,实质上是对间隙和过盈的选择。其原则是:相对运动速度越高或次数越频繁,拆装频率越高,定心精度要求越低,间隙越大。

间隙配合主要用于相互配合的孔和轴有相对运动或需要经常拆装的场合。

过渡配合的定位精度比间隙配合的定位精度高,拆装又比过盈配合方便,因此,过渡配合广泛应用于既靠紧固件传递转矩又经常拆装的场合。如齿轮孔和轴靠平键连接时的配合。

过盈配合主要用于传递扭矩和实现牢固结合,通常不需要拆卸。

4. 标准公差等级和配合种类的选择方法

(1)类比法:通过对同类机器和零部件以及它们的图样进行分析,参考从生产实践中总结出来的技术资料,把所设计产品的技术要求与之进行对比,来选择孔、轴公差与配合。类比法是应用较多的方法。

(2)计算法:按照一定的理论和公式确定所需要的极限间隙或过盈,进而来确定孔、轴极限偏差。计算法的应用逐渐增多。

(3)实验法:通过试验或统计分析,确定所需要的极限间隙或过盈,进而来选择孔、轴公差与配合。实验法较为可靠,但成本较高,只用于重要的配合。

第三节　表面粗糙度

一、表面粗糙度的概念

表面粗糙度的研究对象是零件表面的微观不平度。表面粗糙度越大,则表面越粗糙,零件的耐磨性越差,配合性质越不稳定(使间隙增大、过盈减小),对应力集中越敏感,疲劳强度越差。所以,在设计零件时提出表面粗糙度要求,是几何精度设计中不可缺少的一个方面。

二、表面粗糙度的实质

机械零件表面精度所研究和描述的对象是零件的表面形貌特性。零件的表面形貌可以分为三种成分,如图 6-14 所示。

(1)表面粗糙度。零件表面所具有的微小峰谷的不平程度称为表面粗糙度,其波长和波高之比一般小于 50。

(2)表面波纹度。零件表面中峰谷的波长和波高之比等于 50～1000 的不平程度称为表面波纹度。

(3)形状误差。零件表面中峰谷的波长和波高之比大于 1000 的不平程度属于形状误差。

三、表面粗糙度对零件使用性能的影响

(1)影响零件的耐磨性。表面越粗糙,摩擦系数就越大,而结合面的磨损越快。

(2)影响配合性质的稳定性。对间隙配合来说,表面越粗糙,越易磨损,使工作过程中间隙增大。

(3)影响零件的强度。

(4)影响零件的抗腐蚀性能。

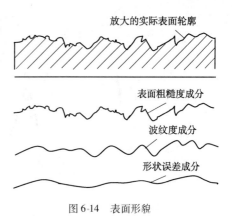

图 6-14　表面形貌

四、表面粗糙度的评定标准

实际轮廓是平面与实际表面垂直相交所得的轮廓线(图 6-15)。按照所取截面方向的不同,实际轮廓线可分为横向实际轮廓和纵向实际轮廓。在评定或测量表面粗糙度时,除非特别指明,否则通常是指横向实际轮廓,即与加工纹理方向垂直的截面上的轮廓。

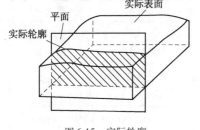

图 6-15　实际轮廓

五、表面粗糙度的评定参数

1. 轮廓算术平均偏差 R_a

轮廓算术平均偏差是指在取样长度 l 内,被测实际轮廓上各点至轮廓中线距离绝对值的平均值,用 R_a 表示。R_a 能充分反映表面微观几何形状高度方面的特性,但因受计量器具功能的限制,不用作过于粗糙或太光滑的表面的评定参数。

2. 微观不平度十点平均高度 R_z

微观不平度十点平均高度是指在取样长度内 5 个最大的轮廓峰高 y_{pi} 平均值与 5 个最大轮廓谷深 y_{vi} 平均值之和(图 6-16),用 R_z 表示。R_z 只能反映轮廓的峰高,不能反映峰顶的尖锐或平钝的几何特性。若取点不同,则所得 R_z 值不同,因此 R_z 受测量者的主观影响较大。

3. 轮廓最大高度 R_y

轮廓最大高度是指在取样长度内,轮廓的峰顶线和谷底线之间的距离(图 6-16),用 R_y 表示。峰顶线和谷底线平行于中线且分别通过轮廓最高点和最低点。R_y 值是微观不平度十点中最高点和最低点至中线的垂直距离之和,因此它不如 R_z 值反映的几何特性准确。但 R_y 对某些表面上不允许出现较深的加工痕迹和小零件的表面质量有实用意义。

总之,确定表面粗糙度时,可在三项高度特性方面的参数中 R_a、R_z、R_y 选取,只有当用高度参数不能满足表面功能要求时,才选取附加参数。

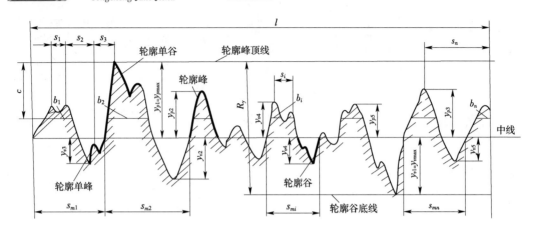

图 6-16 轮廓参数

六、表面粗糙度的标注

1. 表面粗糙度轮廓的符号(表 6-1)

表面粗糙度符号(GB/T 131—1993)　　　　　表 6-1

符　号	意　义　说　明
∨	基本符号,表示表面可用任何方法获得。当不加注粗糙度参数值或有关说明(例如:表面处理、局部热处理状况等)时,仅适用于简化代号标注
∇	基本符号加一短划,表示表面是用去除材料的方法获得。例如:车、铣、钻、磨、剪切、抛光、腐蚀、电火花加工、气割等
∨○	基本符号加一小圆,表示表面是用不去除材料的方法获得。例如:铸、锻、冲压变形、热轧、冷轧、粉末冶金等。或者是用于保持原供应状况的表面(包括保持上道工序的状况)
∨̄ ∇̄ ∨̄○	在上述三个符号的长边上均可加一横线,用于标注有关参数和说明
∨○ ∇○ ∨○○	在上述三个符号上均可加一小圆,表示所有表面具有相同的表面粗糙度要求

2. 表面粗糙度轮廓代号的标注方法

(1) 表面粗糙度轮廓幅度参数的标注。

表面粗糙度轮廓幅度(高度)参数的标注(GB/T 131—1993)见表 6-2。

表面粗糙度轮廓幅度(高度)参数的标注(GB/T 131—1993)　　　　　表 6-2

代　号	意　义	代　号	意　义
3.2 ∨	用任何方法获得的表面粗糙度,R_a 的上限值为 $3.2\mu m$	3.2max ∨	用任何方法获得的表面粗糙度,R_a 的最大值为 $3.2\mu m$
3.2 ∇	用去除材料方法获得的表面粗糙度,R_a 的上限值为 $3.2\mu m$	3.2max ∇	用去除材料方法获得的表面粗糙度,R_a 的最大值为 $3.2\mu m$

续上表

代　号	意　义	代　号	意　义
3.2 ∇	用不去除材料方法获得的表面粗糙度，R_a 的上限值为 3.2μm	3.2max ∇	用不去除材料方法获得的表面粗糙度，R_a 的最大值为 3.2μm
3.2 1.6 ∇	用去除材料方法获得的表面粗糙度，R_a 的上限值为 3.2μm，R_a 的下限值为 1.6μm	3.2max 1.6min ∇	用去除材料方法获得的表面粗糙度，R_a 的最大值为 3.2μm，R_a 的最小值为 1.6μm
R_y3.2 ∇	用任何方法获得的表面粗糙度，R_y 的上限值为 3.2μm	R_y3.2max ∇	用任何方法获得的表面粗糙度，R_y 的最大值为 3.2μm
R_z200 ∇	用不去除材料方法获得的表面粗糙度，R_z 的上限值为 200μm	R_z200max ∇	用不去除材料方法获得的表面粗糙度，R_z 的最大值为 200μm
R_z3.2 R_z1.6 ∇	用去除材料方法获得的表面粗糙度，R_z 的上限值为 3.2μm，下限值为 1.6μm	R_z3.2max R_z1.6min ∇	用去除材料方法获得的表面粗糙度，R_z 的最大值为 3.2μm，最小值为 1.6μm
3.2 R_z12.5 ∇	用去除材料方法获得的表面粗糙度，R_a 的上限值为 3.2μm，R_y 的上限值为 12.5μm	3.2max R_y2.5max ∇	用去除材料方法获得的表面粗糙度，R_a 的最大值为 3.2μm，R_y 的最大值为 12.5μm

(2) 表面粗糙度轮廓技术要求其他项目的标注。

按标准规定选用对应的取样长度时，在图样上省略标注，否则应按如图 6-17a) 所示方法标注取样长度，图中取样长度取值为 0.8mm。如果某表面的粗糙度要求按指定的加工方法（如铣削）获得时，可用文字标注见(图 6-17b)。如果需要标注加工余量（设加工总余量为 5mm），应将其标注(见图 6-17c)。如果需要控制表面加工纹理方向时，加注加工纹理方向符号（见图 6-17d)。标准规定了加工纹理方向符号，如图 6-18 所示。

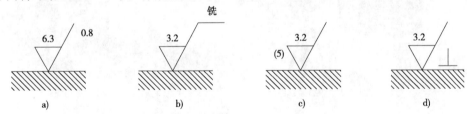

图 6-17　表面粗糙度其他项目标注

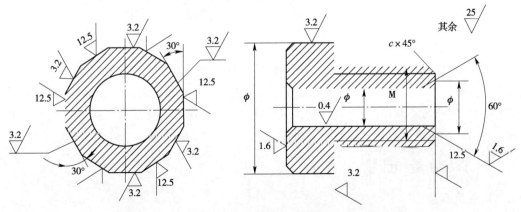

图 6-18　表面粗糙度代号标注示例

七、表面粗糙度数值的选用

在实际工作中,由于粗糙度和零件的功能关系十分复杂,很难全面而精细地按零件表面功能要求来准确地确定粗糙度的参数值。因此,具体选用时多用类比法来确定粗糙度的参数值。其确定原则如下:

(1)同一零件上,工作表面的粗糙度值应比非工作表面小。

(2)摩擦表面的粗糙度值应比非摩擦表面小,滚动摩擦表面的粗糙度值应比滑动摩擦表面小。

(3)运动速度高、单位面积压力大的表面以及受交变应力作用的重要零件上的圆角、沟槽的表面粗糙度值都应小些。

(4)配合性质要求越稳定,其配合表面的粗糙度值应越小。配合性质相同时,小尺寸配合面的粗糙度值应比大尺寸结合面小。同一公差等级时,轴的粗糙度值应比孔的小。

(5)表面粗糙度参数值应与尺寸公差及形位公差协调。

(6)凡有关标准已对表面粗糙度要求作出规定,则应按标准确定该表面粗糙度参数值。

第四节 测量技术基础

如图6-19所示为测量技术的应用示例。

图6-19 测量技术应用

为了满足机械产品的功能要求,在正确合理地完成了可靠性、使用寿命、运动精度等方面的设计以后,还须进行加工和装配过程的制造工艺设计,即确定加工方法、加工设备、工艺参数、生产流程及检测手段。其中,特别重要的环节就是质量保证措施中的精度检测。测量技术是进行质量管理的重要手段。

一、长度测量和计量

1.长度测量

长度测量是将被测长度与已知长度比较,以确定被测长度量值的过程。量值以数字和单位表示,例如,用游标卡尺测量圆柱体直径,测得的数值 20.24mm 就是量值。主尺上的刻度就是已知长度。机械制造中进行长度测量是为了保证工件的互换性和产品质量,一般以毫米和微米作为测量单位。

2. 研究对象

长度计量主要是研究和建立长度计量基准、实现长度计量的量值传递、研究孔径测量、角度测量、直线度测量、平面度测量、表面粗糙度测量、圆度测量、圆柱度测量、螺纹测量、齿轮测量、自动测量等方法和测量误差,以及测量结果的数据处理等。

3. 测量对象

在机械精度的检测中,主要是测量有关几何精度方面的参数量,其基本对象是长度、角度、表面粗糙度及形位公差等。但是,长度量和角度量在各种机械零件上的表现形式却是多种多样的,表达被测对象性能的特征参数也可能是相当复杂的。因此,认真分析被测对象的特性,研究被测对象的含义是十分重要的。例如,表面粗糙度的各种评定参数,齿轮的各种误差项目,尺寸公差与形位公差之间的独立与相关关系等。

4. 计量单位

计量单位(简称单位)是以定量表示同种量的量值而约定采用的特定量。我国规定采用以国际单位制(SI)为基础的"法定计量单位制"。它是由一组选定的基本单位和由定义公式与比例因数确定的导出单位所组成的。如"米""千克""秒""安"等为基本单位。机械工程中常用的长度单位有"毫米""微米"和"纳米",常用的角度单位是非国际单位制的单位"度""分""秒"和国际单位制的辅助单位"弧度""球面度"。

二、测量方法与测量器具的分类

1. 测量方法

测量方法是指进行测量时所采用的测量原理、测量器具(计量器具)和测量条件(环境和操作者)的总和。测量方法是根据一定的测量原理,在实施测量过程中对测量原理的运用及其实际操作。在实施测量过程中,应该根据被测对象的特点(如材料硬度、外形尺寸、生产批量、制造精度、测量目的等)和被测参数的定义来拟定测量方案、选择测量器具和规定测量条件,合理地获得可靠的测量结果。

2. 测量精度

测量精度指测量结果与真值的一致程度。不考虑测量精度而得到的测量结果是没有任何意义的。真值的定义是:当某量能被完善地确定并能排除所有测量上的缺陷时,通过测量所得到的量值。由于测量会受到许多因素的影响,测量过程总是不完善的,即任何测量都不可能没有误差。对于每一个测量值都应给出相应的测量误差范围,说明其可信度。

三、常用测量器具

1. 游标类量具

游标类量具是利用游标读数原理制成的一种常用量具,它具有结构简单、使用方便、测量范围大等特点(图 6-20、图 6-21)。为了读数方便,有的游标卡尺上装有测微表头；电子数显卡尺具有非接触性电容式测量系统，由液晶显示器显示，电子数显卡尺测量方便。

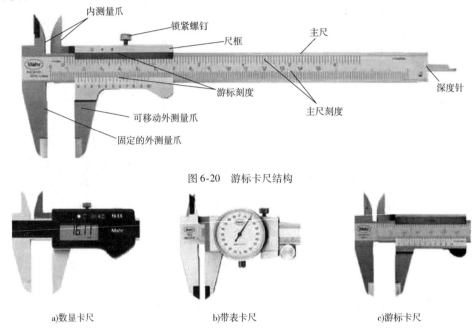

图 6-20　游标卡尺结构

a)数显卡尺　　　　　b)带表卡尺　　　　　c)游标卡尺

图 6-21　游标卡尺的种类

2. 螺旋测微类量具

千分尺（图 6-22）是应用螺旋副的传动原理，将角位移变为直线位移。图 6-23 所示为千分尺的读数示例。

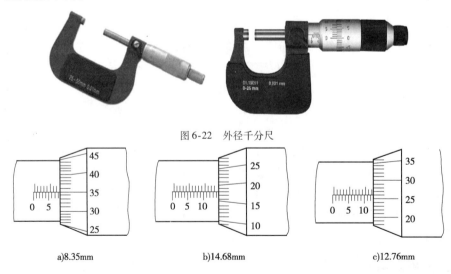

图 6-22　外径千分尺

a)8.35mm　　　　　b)14.68mm　　　　　c)12.76mm

图 6-23　外径千分尺的读数

3. 机械类量仪

机械类量仪是利用机械结构将直线位移经传动、放大后，通过读数装置表示出来的一种测量器具。主要有杠杆变换、齿轮变换和弹簧变换。

(1) 百分表(图6-24)。百分表是应用最广的机械量仪。

(2) 内径百分表(图6-25)。内径百分表是一种用相对测量法测量孔径的常用量仪,特别适合于测量深孔。

图 6-24　百分表　　　　　　　图 6-25　内径百分表

(3) 杠杆百分表(图6-26)。杠杆百分表又称靠表。

(4) 扭簧比较仪(图6-27)。扭簧比较仪是利用扭簧作为传动放大机构,将测量杆的直线位移转变为指针的角位移。

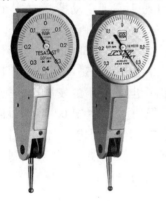
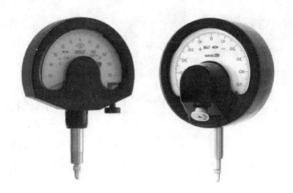

图 6-26　杠杆百分表　　　　　　　图 6-27　扭簧比较仪

4. 光学量仪

光学量仪主要是利用光学成像的放大或缩小、光束方向改变、光波干涉和光量变化等原理,实现对被测量值的变换。光学量仪是一种高精度的测量方式。在长度测量中应用比较广泛的光学量仪有光学计、测长仪等。

19世纪末出现立式测长仪,20世纪20年代前后已应用自准直、望远镜、显微镜和光波干涉等原理测长,使工业测量进入不接触测量领域,解决了一些小型复杂形状工件(例如螺纹的几何参数、样板的轮廓尺寸和大型工件)的直线度、同轴度等形状和位置误差的测量问题。

(1) 立式光学计(图6-28)。立式光学计是利用光学杠杆放大作用将测量杆的直线位移转换为反射镜的偏转,使反射光线也发生偏转,从而得到标尺影像的一种光学量仪。

（2）万能测长仪（图6-29）是一种精密量仪,它是利用光学系统和电气部分相结合的长度测量仪器。

图6-28　立式光学仪

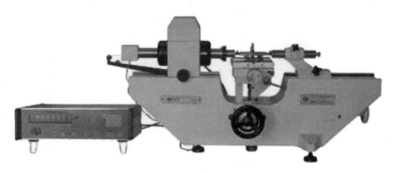

图6-29　万能测长仪

5. 电动量仪

图6-30 所示为电动量仪。电感测微仪是一种常用的电动量仪。电感测微仪是利用磁路中气隙的改变,引起电感量相应改变的一种量仪。

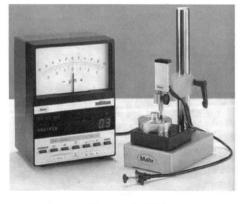

图6-30　电动量仪

电学变换是将被测量信号转换为电阻、电容及电感等的变化,产生电压或电流输出,经放大和计算后进行显示。电学变换的精度很高,信号输出方便,且易于实现自动控制,在生产和科研的测量中,得到了广泛的应用。

应用电学原理测长是在20世纪30年代初期发展起来的。首先出现的是应用电感原理的测微仪。后来,由于电子技术的发展,电学原理的测长技术发展很快。20世纪60年代中期以后,在工业测量中逐步应用电子计算机技术。电子计算机具有自动修正误差、自动控制和高速数据处理的功能,为高精度、自动化和高效率测量开辟了新的途径。

第五节　形位公差与测量

为了提高产品质量和保证互换性,我们不仅要对零件的尺寸误差进行限制,还要对零件的形状与位置误差加以限制,给出一个经济、合理的误差变动范围,这就是形状与位置公差(简称形位公差)。图6-31所示为参数图。

一、形位误差与形位公差

1. 形状误差与公差

（1）形状误差指被测实际要素对理想要素的变动量。

（2）形状公差指单一实际要素的形状所允许的变动全量。

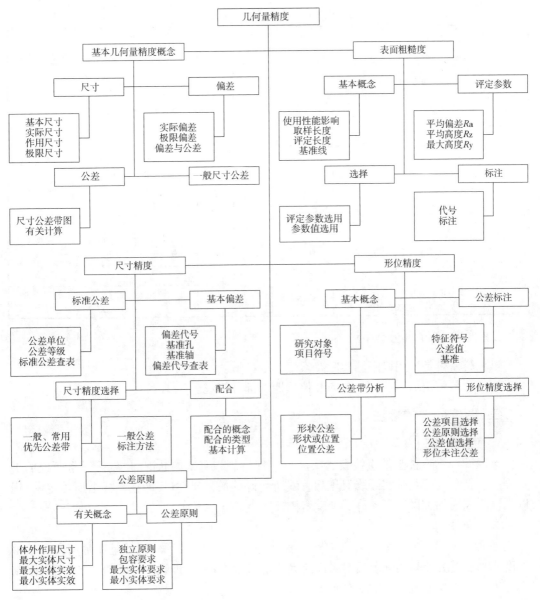

图 6-31 参数图

2. 位置误差与公差

(1) 位置误差：关联被测实际要素对其理想要素的变动量。

(2) 位置公差：关联实际要素的位置对基准所允许的变动全量。

位置公差按几何特征可分为：

①定向公差：具有确定方向的功能，即确定被测实际要素相对基准要素的方向精度。

②定位公差：具有确定位置的功能，即确定被测实际要素相对基准要素的位置精度。

③跳动公差：具有综合控制的能力，即确定被测实际要素的形状和位置两方面的综合精度。

位置的公差项目，各项目的名称、符号分别列于表 6-3 中。

形位公差特征项目符合　　　　　　　　表 6-3

公　差		特征项目	符　号	有或无基准要求	公　差		特征项目	符　号	有或无基准要求
形状		直线度	—	无	位置	定向	平行度	∥	有
		平面度	▱	无			垂直度	⊥	有
		圆度	○	无			倾斜度	∠	有
		圆柱度	⌭	无		定位	同轴(心)度	◎	有
形状或位置	轮廓	线轮廓度	⌒	有或无			对称度	=	有
		面轮廓度	⌓	有或无			位置度	⊕	有或无
						跳动	圆跳动	↗	有
							全跳动	↗↗	有

二、形状和位置公差带

形位公差带是指用以限制实际要素变动的区域。

形位公差带由形状、大小、方向和位置四个部分组成。

三、形位公差的标注

1. 直线度

直线度表示零件上的直线要素实际形状保持理想直线的状况，也就是通常所说的平直程度。直线度公差是实际线对理想直线所允许的最大变动量，即在图样上所给定的，用以限制实际线加工误差所允许的变动范围。

2. 平面度

平面度表示零件的平面要素实际形状保持理想平面的状况，也就是通常所说的平整程度。平面度公差是实际表面对平面所允许的最大变动量，即在图样上给定的，用以限制实际表面加工误差所允许的变动范围。

3. 圆度

圆度表示零件上圆的要素实际形状与其中心保持等距的情况，也就是通常所说的圆整程度。圆度公差是在同一截面上，实际圆对理想圆所允许的最大变动量，即在图样上给定的，用以限制实际圆的加工误差所允许的变动范围。

4. 圆柱度

圆柱度表示零件上圆柱面外形轮廓上的各点对其轴线保持等距的状况。圆柱度公差是实际圆柱面对理想圆柱面所允许的最大变动量，即在图样上给定的，用以限制实际圆柱面加工误差所允许的变动范围。

5. 线轮廓度

线轮廓度表示在零件的给定平面上，任意形状的曲线保持其理想形状的状况。线轮廓度公差是指非圆曲线的实际轮廓线的允许变动量,即在图样上给定的,用以限制实际曲线加工误差所允许的变动范围。

6. 面轮廓度

面轮廓度表示零件上的任意形状的曲面,保持其理想形状的状况。面轮廓度公差是指非圆曲面的实际轮廓线对理想轮廓面的允许变动量,即在图样上给定的,用以限制实际曲面加工误差所允许的变动范围。

7. 平行度

平行度表示零件上被测实际要素相对于基准保持等距离的状况,也就是通常所说的保持平行的程度。平行度公差是被测要素的实际方向与基准相平行的理想方向之间所允许的最大变动量,即在图样上所给出的,用以限制被测实际要素偏离平行方向所允许的变动范围。

8. 垂直度

垂直度表示零件上被测要素相对于基准要素,保持正确的90°夹角状况,也就是通常所说的两要素之间保持正交的程度。垂直度公差是被测要素的实际方向对于基准相垂直的理想方向之间,所允许的最大变动量,即在图样上给出的,用以限制被测实际要素偏离垂直方向所允许的最大变动范围。

9. 倾斜度

倾斜度表示零件上两要素相对方向保持任意给定角度的正确状况。倾斜度公差是被测要素的实际方向对于基准成任意给定角度的理想方向之间所允许的最大变动量。

10. 对称度

对称度表示零件上两对称中心要素保持在同一中心平面内的状态。对称度公差是实际要素的对称中心面(或中心线、轴线)对理想对称平面所允许的变动量。该理想对称平面是指与基准对称平面(或中心线、轴线)共同的理想平面。

11. 同轴度

同轴度表示零件上被测轴线相对于基准轴线,保持在同一直线上的状况,也就是通常所说的共轴程度。同轴度公差是被测实际轴线相对于基准轴线所允许的变动量,即在图样上给出的,用以限制被测实际轴线偏离由基准轴线所确定的理想位置所允许的变动范围。

12. 位置度

位置度表示零件上的点、线、面等要素,相对其理想位置的准确状况。位置度公差是被测要素的实际位置相对于理想位置所允许的最大变动量。

13. 圆跳动

圆跳动表示零件上的回转表面在限定的测量面内,相对于基准轴线保持固定位置的状况。圆跳动公差是被测实际要素绕基准轴线,无轴向移动地旋转一整圈时,在限定的测量范围内,所允许的最大变动量。

14. 全跳动

全跳动指零件绕基准轴线作连续旋转时,沿整个被测表面上的跳动量。全跳动公差是被测实际要素绕基准轴线连续地旋转,同时指示器沿其理想轮廓相对移动时,所允许的最大跳动量。

参 考 文 献

［1］凤勇.汽车机械基础[M].北京:人民交通出版社,2007.
［2］孙大俊.机械基础[M].北京:中国劳动社会保障出版社,2007.
［3］秦坚强,杨树生.汽车机械基础[M].北京:中国广播电视出版社,2010.
［4］沈旭.机械基础[M].北京:人民交通出版社,2014.
［5］胡家秀.机械设计基础[M].北京:机械设计出版社,2008.
［6］康一.机械基础[M].北京:机械工业出版社,2014.
［7］陈长生.机械基础[M].北京:机械工业出版社,2011.